寻味顺德

郑婷 著

北京出版集团公司
北京出版社

图书在版编目（CIP）数据

寻味顺德 / 郑婷著. — 北京 ：北京出版社，
2020.1
ISBN 978-7-200-15110-7

Ⅰ．①寻… Ⅱ．①郑… Ⅲ．①旅游指南 — 顺德区②饮
食 — 文化 — 顺德区 Ⅳ．①TS971.202.654

中国版本图书馆 CIP 数据核字（2019）第 184176 号

寻味顺德
XUNWEI SHUNDE

郑婷 著
＊
北 京 出 版 集 团 公 司
北 京 出 版 社 出版
（北京北三环中路 6 号）
邮政编码：100120

网 址：www.bph.com.cn
北 京 出 版 集 团 公 司 总 发 行
新 华 书 店 经 销
三河市嘉科万达彩色印刷有限公司印刷
＊
880 毫米×1230 毫米 32 开本 5.75 印张 188 千字
2020 年 1 月第 1 版 2020 年 1 月第 1 次印刷
ISBN 978-7-200-15110-7
定价：49.80 元
如有印装质量问题，由本社负责调换
质量监督电话：010-58572393

《舌尖上的中国》系列纪录片的播出在全国上下刮起了一场"美食之风"。这些年来，各类美食节目层出不穷，它们或是追根寻源，或是探索方法，或是布巧猎奇……各色菜品就这样被搬上了荧幕，作为资深美食爱好者的我早就受不了坐在电视机前对美食只可观不可尝的痛苦了，于是便寻了时间背起行囊，打算来一场寻味之旅。

俗话说："十里不同风，百里不同俗。"如果拿这句话来说美食也同样适用，因为每个地方都有自己的饮食文化，有些地方的饮食文化甚至会因为其特殊程度而声名大噪，比如说广东的顺德。曾经有一个段子是这样说的："广东人除了天上飞的飞机、地上跑的火车不吃，什么都吃。"虽然说的是个笑话，但也足以让我们见识到广东人到底有多能吃、多会吃。

我们都知道，中国有"八大菜系"，粤菜是其中之一。如果将所有菜系排名，找出前四，归为"四大菜系"，粤菜也能占上一份。此外，作为海外最具影响力的中国菜系，粤菜馆遍布全球，故而便有了"有华人之地就有粤菜"之说。

粤菜即广东菜，一般是指广州府菜，包括顺、南、番，也称"潮粤菜"，是由广州菜、潮州菜、东江菜发展而来的。粤菜具有做工精细、选料严格、质鲜味美、中西结合、养生保健等特点，故而得以名扬天下。

粤菜吸取各菜系之长，用料奇异广博，烹调技艺多样善变，以炒、爆为主，兼有煎、烩、烤三法，口味讲究清而不淡，嫩而不生，鲜而不俗，油而不腻，故有香、肥、松、软、浓"五滋"，酸、甜、辣、苦、咸、鲜"六味"。粤菜著名的菜点有鸡烩蛇、烤乳猪、白灼虾、白斩鸡、盐焗鸡、龙虎斗、烧鹅、蛇油牛肉等。

我的这一站是顺德。常言道："天下美食在广州，广州美食在顺德。"既然人们都说"食在广东，厨出凤城"，我怎能错过这个美食之乡呢？

数千年来，顺德人凭借着自然条件的便利在这片被称为"鱼米之乡"的土地上打下了粤菜文化的根基，并且使其成为中国餐饮的一个地标。

有人说，顺德是一个古老与现代奇妙交融的地方。从经过千年围垦孕育出的丰饶的桑基鱼塘，到百年前缫丝业的繁盛，顺德在世人的眼里从来都不缺少盛名与话题。然而，在这片土地的富强与盛名之外，人们谈论最多的是它的美食。

就这样，我踏上了顺德这片土地，在这里寻觅千百年来美食留下的痕迹，从充满历史气息的大街小巷，到车水马龙的高楼广市；从精巧细致的点心，到美味爽口的菜品……顺德留给我的是色、香、味俱全的记忆。

寻味顺德，就是沿着粤菜文化的发展轨迹，在美食中发掘文化的记忆，它蕴藏着的文化底蕴是无价瑰宝。专注地品尝过每一道美食之后，在这月色的清辉下，我打开思路，指尖敲动键盘，记下的是最宝贵的回忆。

【顺德印象】

顺德的前身为顺德市，现为佛山市顺德区，位于广东省的南部。顺德是华南最富庶的地区之一，经济发达，商业繁荣，与东莞、中山、南海并称"广东四小虎"。顺德美食文化源远流长，是国内著名的烹饪之乡和粤菜之源，有"世界美食之都""中国厨师之乡"之美誉。

【地理】

顺德地处珠江三角洲的中部，大部分地区属于江河冲积平原，零星分布着一些小山丘。最高处为西部龙江镇的锦屏山。顺德河流纵横交错，大多从西北流向东南。

【气候】

顺德常年温暖多雨，属于亚热带海洋性季风气候，雨季集中在4月至9月。全年多北风，夏秋两季会有台风，台风登陆时会出现大雨到特大暴雨，甚至发生洪涝灾害。

【历史】

根据历史记载，顺德在先秦时期属于百越，当时已经有先民在这里生活。秦朝统一岭南之后，顺德归南海郡管辖；秦末时属于赵佗的南越国；隋朝时被并入南海县。唐代，顺德开始出现市集，古称咸宁县。宋朝时顺德开始以造纸和腌笋闻名。明景泰三年（1452年），开始设置顺德县，取"顺天之德"之意，县治太艮堡，并改名大良。顺德建县以后，历史上一直属于广州府。1949年后，设顺德县，隶属珠江行署。经不断变革，顺德现为佛山市的一个区。

【民族与宗教】

顺德是一个很有包容性的城市，全国各族人民大都有分布。他们除了在企业务工，还有很多少数民族经营工业、餐饮业、服务业等。顺德还有一个特色：旅居港澳台的乡亲及国外华侨非常多，是著名的"港澳之乡"和"侨乡"。马达加斯加华人的原籍大部分为顺德。

【文化与艺术】

顺德人杰地灵，文化底蕴十分深厚。这里是粤曲、粤剧的主要发源地之一，2007年被全国曲艺协会评为"中国曲艺之乡"。粤剧名家千里驹、白驹荣、薛觉先、马师曾等都是顺德人。

顺德有重视文化教育的传统，北宋至清末出过状元四名、进士数百。清代文化名人、号称诗书画"三绝"的黎简，"画坛怪杰"苏仁山，国际影视武打巨星李小龙等都来自顺德。

顺德的民间艺术也很发达，有传统龙舟赛、粤曲私伙局等群众性文体活动，龙舟说唱、香云纱染整技艺、人龙舞入选国家级非物质文化遗产。

【美食】

顺德物产丰富，果蔬品种繁多，鱼虾新鲜生猛，再加上顺德人历来擅长烹饪，美食之风长盛不衰。清代官场流传着顺德美食的说法："顺德乳蜜之乡，言饮食，广州逊其精美。"近现代顺德人的烹调技术更是得到饮食界的公认，有"食在广州，厨出凤城"的说法。顺德也是全国餐饮名店、名师最密集的地区之一。

【长鹿休闲度假农庄】

长鹿休闲度假农庄位于顺德伦教三洲，占地40万平方米，是一个以岭南历史文化、顺德水乡风情、农家生活情趣为特色，集吃、住、玩、赏、娱、购于一体的AAAAA级旅游景区。

【顺峰山公园（顺峰揽胜）】

顺峰山公园位于顺德区太平山山脚，是"顺德新十景"之一。公园内主要景点有两湖（青云湖区、桂畔湖区）、两塔（青云塔、旧寨塔）。公园的巨型牌坊是公园内的标志性建筑，有"中华第一牌坊"之称。

【李小龙乐园（叠翠藏龙）】

李小龙乐园是为了纪念李小龙而建，内有李小龙纪念馆，馆内展示了李小龙生平事迹、家族史、影视作品等，18.8米的李小龙雕像栩栩如生。乐园内青山雄伟壮观，湖泊连绵环绕，绿树成荫。

【宝林寺（宝林瑞气）】

宝林寺始建于五代十国时期的南汉。古人视宝林寺为圣地，政府重要庆典或开读朝廷诏令时，地方长官和当地士绅集合在寺中举行典礼。现在的宝林寺是20世纪90年代仿宋、明两代的建筑风格重建的新寺。

【清晖园（清晖毓秀）】

清晖园是广东"四大名园"之一，岭南园林的代表。清晖园历史久远，始建于明代。园林空间主次分明，大量使用镂空的木雕花板、花罩、砖雕等装饰工艺，还巧妙地布置了玉堂春、紫藤、素馨花等古树名木。

【乐从家具城（家具之都）】

乐从家具城规模很大，每天来这里参观、购物的顾客超过3万人，家具销售量更是居全国家具市场之冠。如今，这一区域已经不只是家具市场，它还有配套的餐饮购物、旅游休闲、商务贸易等场所。

【碧江金楼（古宅金辉）】

碧江金楼古建筑群坐落在"中国历史文化名村"北滘碧江，属明清时期建筑，已有几百年的历史。这里的木雕种类繁多，包含了木雕艺术中的大多数手法。清代家具、官轿、跋步床等家具，如今还妥善保存。

【陈村花卉世界（花海奇观）】

陈村花卉世界建于1998年，位于陈村镇，占地面积一万余亩，汇集了花卉企业几百家，是名副其实的"花卉世界"。这里集花卉生产、销售、观光旅游、科研、信息五大功能于一体。

【西山庙（凤岭朝晖）】

西山庙是顺德历史最悠久的庙宇之一，位于顺德大良。这里集中了岭南特色的古建筑，收藏了从顺德古代到近现代的许多珍贵文物，包括见证了顺德历史的珍贵碑廊。庙内有道教三元宫以及顺德农军干校旧址，是顺德博物馆原址。

【逢简水乡（书香水韵）】

逢简水乡有"顺德周庄"之称。逢简是顺德最早有人类聚居生活的地方，有西汉的文物遗迹。村里有明代古祠多间，以及御赐金桂、清代金鳌石拱桥等。

【顺德双皮奶】

顺德水草丰茂，盛产水牛。这里的水牛产奶量虽然不大，但是水牛奶的质量很高，含水量少，乳脂含量高，香浓可口，是制作双皮奶的最佳原料。顺德水牛奶做出的双皮奶，格外清甜爽滑、奶香浓郁。

【顺德伦教糕】

伦教糕，别称白糖糕，又称伦滘糕，因首创于顺德的伦教镇而得名，已有数百年的历史。伦教糕颜色晶莹洁白，弹牙爽口，广泛流行于华南一带。

【大良蹦砂】

大良蹦砂造型美观，形状类似金黄色的蝴蝶。蹦砂始创于清代乾隆年间顺德县城东门外的"成记"老铺，一开始是脆而硬的薄片小食，后经"李禧记"改进做法，风味愈发甘香酥化，品种也越来越多。

【陈村粉】

陈村粉是顺德陈村镇人黄但创制出的一种米粉，以薄、爽、滑、软为特色。陈村粉选用优质的大米为原料，坚持传统制法，追求精细。制作流程看似简单，做起来却极其讲究，十几道工序都要精心安排。

【均安蒸猪】

均安蒸猪是顺德最富有传统文化的美食，早在春秋时期的祭祀品里就出现了。整猪宰好后，要用作料在猪身上涂抹均匀，腌制数小时，再浇上白酒，然后放入特制的木箱子里蒸。蒸制的过程中，还要用针扎猪肉、冰水淋猪肉等手段，让猪肉的风味更加适口。

【龙江煎堆】

煎堆，其实就是北方地区常见的麻团。龙江煎堆用糯米粉糅合黏米粉做成皮，用爆谷花和炸花生加糖浆拌匀做成馅，包成球状，滚上芝麻后下锅油炸即可。炸好的煎堆吃起来口感绝佳，皮脆耐嚼，馅甘味浓。

【顶骨大鳝】

顶骨大鳝，又名"退骨大鳝"，因烹制时需要将鳝鱼（河鳗）的脊骨去除而得名。顶骨大鳝下面通常还会垫一层柚子皮，显得清香脱俗。柚子皮吸收了鳝汁和芡汁的精华，其味道清新爽口，堪称鳝肉的绝佳搭配。

【酿节瓜】

酿节瓜极具水乡风味，它选用初长成的黑毛节瓜，刮皮切段，放入肉蓉等馅料，拉油后再炆烩勾芡。这道菜味鲜可口，清而不淡，兼具清热解暑的功效。

【凤城四杯鸡】

凤城四杯鸡是顺德传统名菜，每逢重大节日宴席，总少不了它的身影。四杯鸡因用四杯调料制作而得名，即一杯油（现在用水替代）、一杯酒、一杯糖、一杯酱油。做法并不复杂，但是吃过它的人几乎都对它赞赏有加。

【菜远炒水蛇片】

"秋风起，三蛇肥"，入秋食蛇，是顺德人的老传统。做菜时，首先将水蛇剥皮去骨之后切片，然后再配上菜心等菜料进行生炒。蛇肉爽甜润滑，菜远（即菜心）清香爽口，二者融合，相得益彰。

行住玩购样样通 >>>>>

行在顺德

如何到达

飞机

顺德区附近的机场有佛山沙堤机场和广州白云国际机场。

佛山沙堤机场位于佛山市南海区狮山镇内，属于军民合用机场。目前，仅供中国联合航空使用。从佛山沙堤机场到顺德，可以乘坐机场快线，也可在佛山机场站乘坐公交车，非常便捷。

广州白云国际机场位于广州市白云区。从广州白云国际机场前往顺德主要有两种方式：一是乘坐广州地铁到广州南站，再转乘轻轨；二是乘坐机场的城际大巴。

城际轨道

广珠城际轨道交通，简称广珠城轨，又称广珠城际铁路，由北面的广州南站途经佛山市顺德区，南至珠海市拱北口岸的珠海站。

顺德区内设五个站：碧江站、北滘站、顺德站、顺德学院站、容桂站。

其中，顺德站值得一提，它横跨大洲水道，是顺德境内唯一跨水道建设的站点，沿途风光无限。

市内交通

公交

顺德公交便捷，营运时间一般为早6点半至晚10点，主要路段基本都可以坐到公交车。晚10点后，还有少量的夜班车。

目前顺德基本所有线路的公交车都安装了车载终端机，乘客可以使用金融IC卡支付，非常方便。

出租车

顺德交通发达，出租车众多，路边招手即停。

住在顺德

佛山客创商务公寓

地址　顺德区伦教世纪路 5 号

电话　0757-22817999

价格　166 元起

佛山客创商务公寓位于顺德中心区，交通便利，价格适中，温馨舒适。

朵芮眯酒店公寓
（佛山容桂客运站店）

地址　顺德区容桂街道文海西路龙光尚街 1 座 1 楼 105 铺

电话　0757-29227388

价格　198 元起

朵芮眯酒店公寓位于顺德容桂商圈、容桂客运站与容桂天佑城之间，

周边的顺德美食丰富多样。酒店客房均为复式套房，每个房间配套设施齐全，布置得如家般温馨。公寓提供长租服务。宾馆地处广州城的中轴线上，交通便捷。

维也纳国际酒店
（佛山花卉世界店）

地址　顺德区佛陈公路 3 号，近陈村花卉世界展览中心

电话　0757-29361888

价格　269 元起

维也纳国际酒店（佛山花卉世界店）所处的佛陈公路为佛山主干道之一，出行十分方便。酒店拥有多间豪华客房，房间有无线网络，配备有宽大的书桌和可调节的人体工学座椅，非常适合旅游休闲和商务洽谈。

玩在顺德

清晖园

地址　顺德区大良清晖路 23 号
电话　0757-22226196
门票　15 元（本地居民免费）

　　清晖园是岭南园林的代表作，与佛山梁园、番禺余荫山房、东莞可园并称为广东"四大名园"，园中主要有船厅、澄漪亭、六角亭、碧溪草堂等景点。清晖园历史悠久，可追溯到明末的黄氏花园，后经历代修建，逐渐形成了格局完整而又富有特色的岭南园林。

顺峰山公园

地址　顺德区南国东路
电话　0757-22638916
门票　免费

　　顺峰山公园是顺德当地人最喜欢去的市政公园，主要由青山（太平山、神步山）、一寺（宝林寺）、两湖（青云湖、桂畔湖）、两塔（青云塔、旧寨塔）景观组成，另外还有桂海芳丛、步云径、汀芷园、雅正园等20余个景点可供观赏游玩。园门的巨型牌坊规模巨大，是顺峰山的标志性建筑，被称为"中华第一牌坊"。

碧江金楼

地址　顺德区泰宁西路 6 号
电话　0757-26632123
门票　12 元

　　碧江金楼坐落在北滘碧江，属明清时期建筑，已存在了几百年，见证了旧时岭南地区官宦富家的生活风情。

　　碧江金楼景区由金楼、职方第、泥楼、后花园以及围墙外的亦渔遗塾、慕堂苏公祠、三兴大宅等古建筑组成。金楼原名赋鹤楼，因楼中兴建时多处用金箔镶贴，故而得名金楼。景区内有大量的古代名人墨宝，有流传了几百年的清代家具，有技艺高超的木雕，庭院中还有百年古树等古物，极具观赏价值。

购在顺德

伦教糕

店铺　欢姐伦教糕
电话　0757-27755454

　　伦教糕最早起源于广东省顺德区的伦教镇（古称伦滘），历经千百年岁月的沉淀，已经成为当地传统的糕点小吃，且广泛流传于岭南地区。伦教糕清新软糯、风味独特，在炎炎盛夏里尤其受食客追捧。欢姐伦教糕是一家名副其实的老店，据说已经传承了四代，有近百年的历史。

咸肉粽

店铺　龙江镇趣香食品
电话　0757-23223597

　　咸肉粽是广东粽子的代表，而广东粽子又是南方粽子的代表。顺德咸肉粽主要选用五花肉和糯米制成，个头大，外形别致。从正面看，咸肉粽是方形的，后面有一个隆起来的尖角。在顺德，咸肉粽在路边小店和酒楼一年四季都能买到，是当地人必选的佐餐佳品。

荔枝

店铺　各超市或农贸市场均可买到新
　　　鲜的荔枝

　　荔枝与香蕉、菠萝、龙眼并称为"南国四大果品"。顺德是荔枝的传统产区，其中又以桂洲、均安出产的荔枝为佳，品种以"三月红"最为著名。每年5月即有上市，因其果肉肥大饱满而有"肉荷包"之称。

大良街
食不厌精，脍不厌细 >>>>>

走在大良的街道上，这座古老的太良城不只有隋唐五代的历史气息，还含着数百年来绵延不断的生机。清风微拂，迤逦而行，一路最不能错过的就是大良长街上弥漫的味道。这个地方美食遍布，谁又抵挡得住美味的诱惑？

寻味顺德

黄连"大头华烧鹅店（大良店）

地址　大良街道凤城食都 2 号楼 A

电话　0757-22288048

大头华烧鹅

古法与炭火的邂逅

说起烧鹅，顺德人第一时间就会想到大头华烧鹅。大头华烧鹅是由"顺德厨王"谭永强之父谭德英首创而成的。30多年前，一位华姓年轻人师从谭德英，从谭师傅那儿得到了这道烧鹅的真传。日后，他又努力深造，对这道烧鹅进行了改良。因这名年轻人的头比较大，故这道菜被人称为"大头华烧鹅"。这道采用传统工艺精心烹制而成的大头华烧鹅，做法考究，色、香、味俱全，历经岁月的洗礼，依旧深受各地民众的喜爱，是一道接地气的美食。如今，大头华在大良凤城食都开设了一家烧鹅分店，来自四面八方的饕客闻讯赶来，就是为了品尝一番这道用古法烹饪而成的传统美食。

同样是烧鹅，大头华的做法与别家截然不同。有的店家做出来的烧鹅表皮鲜亮红润，色泽诱人，夹起一块放入口中，肉质却软绵绵的，毫无嚼劲，更别提勾人食欲的鲜香味儿了。而大头华的烧鹅表皮酥脆爽口，肉质鲜嫩多汁，真正做到了外酥里嫩，让人食之难忘。这是为什么呢？因为别的店家将鹅宰杀、洗净之后，就悬挂起来，用风扇对着使劲儿吹，这样鹅肉上多余的水分虽然能快速吹干，却也失去了鲜嫩、顺滑的口感。而大头华烹制烧鹅却很讲究，将鹅宰杀、洗净后，直接放入冷库，每只间隔一定的距离悬挂起来，用冷气扇持续吹24小时。冷库里的温度保持在0~5摄氏度，在温度均衡的条件下用冰凉的冷气把鹅风干。此外，大头华在拔鹅毛时也别有章法，是用掺入了冰块的水来洗涤鹅肉，以保持鹅肉表皮的干脆和鹅肉的鲜嫩。

我吃过很多地方的烧鹅，一度很好奇，为什么有些烧鹅看上去油润鲜红，而大头华家的烧鹅却呈现淡淡的暗红色。后来我才知道，这是因为大头华在烹饪烧鹅时从不使用花红粉来给鹅肉增添色泽。烹饪烧鹅时，大头华沿袭了烹饪古法，选用传统的大酒缸来烧制，每只酒缸足足有半人多高。烧制鹅肉的炭火选用的是石斑枝，这是一种无烟炭，而且在燃烧过程中还会散发出植物淡淡的芳香，一来不会污染鹅肉，二来还能确保烧鹅的原汁原味。

烧鹅在大酒缸里以炭火烧至七八成熟时，大头华会用刷子均匀地在烧鹅表皮刷上一层用蜂蜜、生抽、米酒调配而成的浆液，再继续放入大酒缸里，以中火慢慢烘烤，直至烧鹅的表皮皱起，呈暗暗的红色，并散发出蜂蜜和鹅肉混合着的浓香。这时，一只只香喷喷的烧鹅就可以出炉了。

大头华家的烧鹅每一块都柔韧顺滑，爽嫩多汁。每天早上10点，第一锅烧鹅准时出炉，而门口早已排起了长龙。我来到顺德的第二天早上，优哉游哉地吃过早饭之后便来到大头华的店铺门口，加入门前的长队，在浓郁扑鼻的香气里，接过刚刚出炉的热腾腾的烧鹅。就着这热乎劲儿，扯下一只不肥不瘦的鹅腿，一边慢慢品味着这难得的美味，一边听店员讲他们的传承历史。

于顺德人而言，岁月更迭，高楼平地起，唯有这烧鹅古老而质朴的味道，依然伴随着人们，给他们留下了最温情的记忆。

污糟鸡

地址	大良街道广昌路39号
电话	0757-22621892

大良污糟鸡

最纯正的农家风味

在顺德，如果你要问珠三角地区近20年来风头最盛的是哪道菜，答案必然是污糟鸡。尤其在美食遍布的大良地区，这道菜俨然是一个响当当的品牌。我们穿过熙熙攘攘的人群，来到这家名叫"污糟鸡"的店里，目标明确地点了这道招牌菜。

出来之前，我曾做过功课，其中有一个说法倒是有趣。据说古时候，有一个皇帝不幸流落到了乡间，正当他饥饿难耐的时候，一个老乞丐把自己要来的鸡肉和咸菜一起蒸熟后分了一半给这个皇帝。因为好几天没吃东西了，皇帝觉得非常美味，甚至可以说这是他这大半生以来吃到的最美味的鸡肉。回到宫里之后，皇帝依旧对这道鸡肉念念不忘，还赐名"污糟鸡"，这道菜便流传了下来。

正值中午，我们一边吃着这道口感润滑、色香味美的名菜，一边聊着闲话，阳光柔柔地洒在桌角上。热情的店家听说我从外地专程"觅食"而来，特意提了一壶香茶过来为我们添杯，顺便向我们介绍了这道招牌菜，以及他眼里大良不容错过的美味。

其实污糟鸡的来历并没有上面那个故事里说的那般具有戏剧性，除去一层传奇的外衣，它也是纯朴的劳动人民智慧的结晶。店里的老板告诉我们，这道菜的烹饪方法是由一位大良本地人自己研制出来的。一开始的时候，这个人经营着一家毫不起眼的小饭店，虽然开在路边，但由于附近都是农村，所以小店厨师做的都是一些农家菜，烹饪技法也比较粗糙，就连店里吃饭的桌椅都是从亲戚家里七拼八凑来的。店家为了保证小店盈利，同时也为了保证原材料的新鲜廉价，便在附近的村子里租了地专门养鸡、种菜。一次偶然的机会，他用铝制的盘子蒸了一次鸡，味道居然不错，好奇之下他又用铜制的盘子蒸了一次，也是极其嫩滑。就这样，这道菜被他端上了餐桌。正所谓酒香不怕巷子深，凭着这道招牌菜，小店的名气渐渐地大了起来，甚至引来了不少远道而来的食客。因为这家小店实在是太简陋了，所以大家都开玩笑，称他家做的这道鸡肉为"污糟鸡"。

经过多年努力，污糟鸡现在已经是享誉珠三角的名菜之一了，它几乎成了广东农家菜的代表。现在，广州一些很有名气的顺德馆子都把污糟鸡当作它们的招牌菜，就连一些颇为高端的私房馆子也把这种乡野美味请到自家的餐桌上，甚至还引出了"路边鸡""邋遢鸡"之类的"周边产品"，污糟鸡受食客欢迎的程度可见一斑。

那么，污糟鸡为什么会如此招人喜欢呢？无非就是烹饪者愿意在这道菜上用心罢了。我在大良跟污糟鸡店的老板闲聊时听说，他们做这个污糟鸡时所用的鸡都是现点现杀的，而且严格选用农家土鸡，绝不用工业饲料养殖出来的鸡。除此之外，在做这个菜的时候，厨师要把比较粗糙的鸡胸肉割掉，将鸡肉去骨再切成小块。不仅如此，在配料的选择上他们也很用心，选的都是自然、原始、乡土的食材。比如桂洲农家种的大头菜，腌得适口，配在鸡肉里，吃一口，菜里能带出鸡肉的鲜味。他们的厨房里还有成盆的大红枣、切得整齐的大葱，以及嫩黄的生姜。这些食材新鲜又质高，都是为做污糟鸡而准备的。除了主料、配料，盛污糟鸡的食具也是有讲究的。要想做出好味道，就得用铝盘或者铜盘，鸡肉要均匀地平铺在盘子里，一定不能重叠，这样摆好盘再下锅，等蒸熟后就能直接将盘子端上桌了。用金属盘子蒸制出来的鸡肉因为导热快，所以熟得快，同时鸡肉里的水分不会过多流失，口感自然鲜嫩无比。事实上，除了金属盘子，木质锅盖也是这道菜的关键，因为木

质锅盖不仅有不滴蒸馏水的特点，而且保温性特别好，配合金属盘子有助于做出正宗爽口的污糟鸡。

坐在靠窗的座位上，吃着这道朴实的农家菜，眼前仿佛出现了20多年前的模样：村庄、窄路、小店，纯朴的店家在思索、尝试之后，把污糟鸡端上了餐桌。虽然那时候的桌椅并不好，环境也不优雅，但是盘中的美味却有着让如今的顶级名厨叹服的口感。

民信老铺（华盖路店）

| 地址 | 大良街道华盖路115-119号（近大良华盖路商业步行街） |
| 电话 | 0757-22222424 |

大良炒牛奶

顺德人的巧夺天工之作

　　行走在顺德这个地方，很容易让人沉迷在口腹之欲中。信步穿行的小巷里，车水马龙的大街上，最不缺的就是舌尖美味了。

　　在位于华盖路的民信老铺里，有一道让我垂涎已久的炒牛奶。在暮色四合的时候，我终于结束了一天的"战斗"，于是就拉着朋友来到了这里。窗外霓虹闪烁，店里宾客如云，好不容易找到了座位，兴奋地点了单，美食在前，就连一天的疲累也消失殆尽了。

　　等餐的工夫，我同朋友讨论起了大良炒牛奶的历史渊源。据《中国烹饪百科全书》记载：大良炒牛奶始创于中华民国初年，当时有家报纸罗列了一些别的地方没有的顺德特色菜品，其中就提到了炒牛奶。

　　据说，那个时候炒牛奶的做法是非常烦琐的，而且最初的炒牛奶店是由当时的一些退隐女佣经营的，所以做出来的是大富之家的口味。心灵手巧的店主先把选好的"滴珠原奶"煮沸，再放凉，取掉奶液上面一层凝结的薄皮，也就是民间称作"奶皮"的东西，如此反复多次，一层层提取之后在奶皮里和上猪油，猛火热炒，一道炒牛奶才算完成。这种方法炒出的牛奶虽然

味道浓郁，但是也有它的局限性。首先，以古代制"酥"的方式提取奶皮，需要经过煮沸、搅拌、冷凝和取皮多个环节，而且一层一层地取，效率比较低，只能私人小厨手工制作，不是大富之家很难享用这道美食。其次，这样做出的炒牛奶因为几乎没有配料，所以口感很单一。

20世纪40年代，一位名厨经过不断改良，终于提高了炒牛奶的制作效率，也丰富了炒牛奶的口味。他通过在牛奶中加入鹰粟粉和蛋清的方式使奶液得以凝固，又用虾仁、鸡肝粒、炸榄仁、火腿蓉等配料丰富了炒牛奶的口味。他创新的炒牛奶不仅奶香醇厚，洁白嫩滑，而且色彩鲜艳，口感丰富。

如今，这种改良后的炒牛奶火遍了整个顺德，名气也越来越大。一开始的时候，一些香港的明星频频光顾大良品尝炒牛奶，因着明星效应，大良炒牛奶很快就风靡了整个港澳和华南地区。经由这种无声的推广之后，就连美国的中餐厅里也能找到大良炒牛奶的身影了。

在我的翘首期盼之下，心心念念的炒牛奶终于上桌了，光是卖相就使人惊艳。我看着香气四溢的炒牛奶，一边感叹顺德人实在是太会吃了，一边迫不及待地拿起勺子。一口下去，顿时被那股浓浓的奶香折服了。美味的奶蓉里配着火腿的咸味，清腴可口，唇齿留香，简直就是一场味觉的盛宴，让我不由得也想试其他口味的炒牛奶。

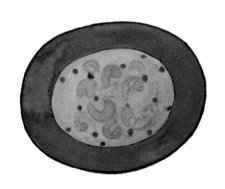

顺德炒牛奶美味至极，但做法并不简单，一来炒牛奶所用的奶并不是普通的奶牛奶，而是质优脂重的水牛奶；二来炒牛奶非常讲究火候，火候大了牛奶就炒老了，可谓"全盘皆输"，火候小了又出不了味道。不过，我觉得正是因为它的制作不易，才愈发让人难忘，不是吗？

肥光鱼生

| 地址 | 大良街道连源二路五街 3 号（近大良福盈酒店） |
| 电话 | 0757-22262190 或 13425799748 |

菊花鱼生

琳琅满目的上等鱼生

在顺德，鱼生是美食的典型代表，已经有上千年的历史。

顺德鱼生在当今是高档美食的代名词，但是在历史上，鱼生只是古代顺德人辛勤劳作时的"快餐"而已。近几年，在龙江左滩麻祖岗古遗迹中，学者发现了人们"生吃鱼虾"的痕迹。也就是说，顺德人吃鱼生的历史可以追溯到三四千年以前。经过这么多年的演变与发展，顺德人昔日劳作时的快餐已经演变成了现在餐桌上摆放精致、有着美丽形态的名菜，而且有了一个好听的名字——菊花鱼生。

在珠三角地区，顺德的鱼生最为出名，可以说是全国最好的鱼生。

肥光鱼生在大良算是有些名头的饭店，这里做的鱼生极为出名。来到饭店，最引人注目的就是鱼生的各种配料了，蒜片、姜丝、葱丝、洋葱丝、椒丝、豉油、芝麻、指天椒、香芋丝、炸粉丝，再加上油、盐、酱、醋、糖，满满的一桌，琳琅满目，让人眼花缭乱。根据个人的喜好，将各种调料和鱼生放在碗里拌一拌，然后一口吃进嘴里。鱼生冰凉爽滑的口感令人无比畅快，仔细咀嚼，各式香辛酸辣的味道让人回味无穷，欲罢不能。

听店里的老板讲，鱼生最初在顺德是无比简易的，但是经过了这么多年的发展，已经成了赏心悦目的菊花鱼生，是"大家之菜"了。而顺德鱼生变得越来越精致，与厨师们的不断改进不无关系。

为了领略一下顺德厨师在做菊花鱼生时的风采，我有了去他们工作间看看的念头，但想着厨房重地，我不一定进得去。没想到我一说，老板居然大方地同意了。

看完之后我才知道，原来顺德鱼生的精要，全在于备料与刀法。实际上，凡是有鱼鳞的鱼都可以做成鱼生，但最好的还是花鱼、鲫鱼、罗非鱼，这一类鱼肉最筋道，口感最好，做出来的鱼生色相也最好，让人一看就食欲大增。买回来的鱼要放在山泉之中饿上几天，让鱼体内的脂肪先消耗完毕，鱼肉才会紧实甘爽。

鱼生最讲究的就是"品相"，鱼肉必须晶莹透明才能吸引人，所以做鱼

生时首先讲究的就是放血。这是很有技术含量的一道工序，不能让鱼肉带红或者水分过多，否则就会影响鱼生的卖相和口感。肥光鱼生里的厨师给鱼放血很有一手。放血之后是切鱼片，这一步也很重要，因为鱼生好不好吃，就看厨师的刀工如何了。切片强调的是"薄"，切得厚了鱼骨就会显现，切得薄了鱼骨才会隐去。

此外，肥光鱼生这道菜对餐具也是有讲究的。盛放鱼生一般用传统的漆盘或者船形器皿。盘中放入冰块轧平，铺上一层保鲜膜，将鱼片均匀整齐地摆放在上面。我一看，摆好的鱼生就像一朵盛开的菊花，无愧于"菊花鱼生"的美名。

见识完大师的风采，我也不用麻烦服务生，直接从厨师的手中接过盘子，自己端着回到了座位上。拿筷子夹了一口，鲜滑香嫩，而且一点儿都不腥，果然不虚此行。

鱼生，从以前的一道简单的菜变成了人们争相品尝的大餐，就像勤劳朴实的顺德人，经过不断努力，终于收获了成功。

寻味顺德

猪世界

地址　大良街道兴顺路嘉信
　　　城市广场

电话　0757-22299978

猪杂粥

深夜食堂的慰藉

　　中国的饮食文化源远流长，于国人而言，一日三餐意味的是人生五味。如今，随着现代生活节奏的加快，疲于奔波的人们只能在简单的食物中寻觅一份味蕾的快乐，慰藉一下生活重压之下的疲惫身心。对于顺德人而言，每天傍晚，结束一天的辛劳，与朋友相邀，谈笑乐饮之后如果能来份猪杂粥，生活便添了许多滋味。

　　到了大良，我也不能免俗。到了暮色四合的时候，我便邀上朋友去喝猪杂粥，然后醍畅淋漓地结束这一天的奔波。喝了那么多次猪杂粥，其中最让我难忘的是来大良第一天去猪世界喝的那碗。

　　当时已经接近半夜，一开始我还有些犹豫。先撇开半夜进食对健康不利不谈，单是子夜起身只为一碗猪杂粥就让我这个外地人费解。见我疑惑，朋友便告诉我，在这里，吃猪杂粥最好的时间就是子夜，因为这个时候各种小食店、大排档都刚从屠宰场运回新鲜的猪杂，所以才有最新鲜的猪杂粥吃。

　　一锅热腾腾的猪杂粥端上来时，那香味瞬间就虏获了我的心，当初的顾

34

虑在美食面前早就散得一干二净了。放好粥之后，服务员又在桌上摆了几个加了姜丝酱油的小碟子，见我面露疑惑，热情的服务员解释道："我们这里吃猪杂的时候都要蘸点这种调料，一来可以去除猪杂的腥气，二来还能增加鲜香的口感。你尝尝，这味道绝对是别的地方吃不到的。"跟服务员道谢之后，我尝起了这道深夜美味。

酣畅淋漓地吃完之后，我不禁回味起了其中的美妙之处。这道粥肉香浓郁，粉肠脆爽可口，猪天梯（即猪上腭的软骨）清脆有嚼头，再搭上咸香的粥底，配上酱油小碟，简直就是人生的至美享受。

猪杂粥在广东兴盛是近20来年的事情。对猪杂粥略有了解的人都知道，猪杂粥是从及第粥演变而来的。而及第粥由来已久，它是粤式粥品中的一种，特点是粥底绵滑。它是将白米煮到全化，在吃的时候加入猪心、猪肝和猪粉肠，大火烧开，撒些花生米或切碎的油条做成的。

说起及第粥的渊源，版本倒是不少，其中一种是说这种粥和明代广东的才子伦文叙有点关系。相传伦文叙小时候家里很贫穷，靠卖菜为生，隔壁的粥贩可怜他年龄小，便借口要买他家的菜让伦文叙每天去他家送一担菜，送完菜后，这个粥贩就将猪肉丸、猪肠粉和猪肝放进粥里生滚，让伦文叙吃。后来伦文叙考上了状元，时常会想起粥贩的恩情，就给这道无名粥起了个"及第粥"的美名。

传说是否属实不得而知，但及第粥里的东西确实有猪肉丸、猪肠粉和猪肝，而且顺德本地人对此也有自己的一番见解。在他们看来，猪肉丸中的"丸"与"元"谐音，表示"状元"；最早的时候用的是牛膀，意味着"榜眼"，后来人们嫌牛膀无味才换成了猪肝；猪肠粉本来和"探花"也没有什么关系，但是聪明的厨师在猪肠背部切了三个小口，等它煮熟了就变成了粉肠花，以此来表示"探花"。所谓的"三元及第粥"就是这么来的。后来人们又在及第粥

里添了更多的猪杂，于是便有了"四及第"和"七彩及第"的叫法。直到20世纪90年代末，吃用新鲜猪杂做成的粥的风气才悄然兴起，因为猪杂在其中占了重头，猪杂粥的名字才逐渐叫开了。没过几年，猪杂粥就在当地彻底风行了。

店里的服务员跟我讲，猪杂粥最大的魅力在于它用料新鲜。将这些刚到的新鲜猪杂用生滚的方法放进粥里煮，清甜稀薄的粥正好可以带出猪杂的嫩香可口，所以才深受人们的喜爱，哪怕是半夜三更也要过来尝个新鲜。

就这样，坐在午夜时分的店里，猪杂粥氤氲的水汽里裹着浓郁的香味，一碗喝下，顺滑的粥从唇齿间散向五脏庙，内里没有半点难以克化的不适，反而分外舒畅。

李禧记大良总店

地址　大良街道沿江路22
　　　号之十
电话　0757-22217882

蹦砂

甘香酥甜的名小吃

　　顺德出美食，无论是酒席上的特色菜品，还是精巧美味的传统点心，都让人一见倾心、食之难忘。在种类繁多的顺德名点中，有始于明代的金榜牛乳，吃起来咸而甘甜；有大良双皮奶，吃起来清甜嫩滑；有始于清代的凤城鱼皮角，可蒸可煎，吃起来酥脆美味……除此之外，在顺德还有一道鼎鼎有名的传统点心，那就是大良蹦砂。

　　初见蹦砂是在大良街道的李禧记店铺里。朋友告诉我，李禧记算得上是当地的一块招牌了，下设许多分店，凡是来到顺德的人，必然要尝的就是李禧记的蹦砂了。大良沿江路的这家店是李禧记的总店，既然到了这里，我自然是要进去品尝一番的。

　　李禧记的蹦砂自古便以其独特的色、香、味而闻名于世。追本溯源，大良本地的蹦砂始创于清朝乾隆年间顺德县城东门外的"成记"老铺，开始的时候是又脆又硬的薄片状小食，后来经过"李禧记"的潜心研究与改进，蹦砂的风味更加甘香酥化，品种也越来越多了，最常见的是蚝油、虾蓉、榄

仁、南乳等种类的蹦砂。现如今，在顺德尝到的多为南乳蹦砂。据了解，蹦砂虽然看起来只是一种不起眼的小吃，却已是当地饮食文化中的一个亮点，而到顺德，吃蹦砂也成了人们约定俗成的一个惯例。

去李禧记的路上，朋友还跟我讲了一个在顺德本地称得上"奇怪"的现象：大凡有"李禧记"字号的蹦砂店，在它的隔壁或者不远处一定还有另一家也打着"李禧记"字号的蹦砂店。它们的牌匾上都印着烫金大字"李禧记蹦砂店"，匾牌的大小、底色也几乎一模一样，只要有人靠近，两家店铺都会跑出人来，热情招呼，你一言我一语地争相介绍自己家的才是正宗的李禧记大良蹦砂。

而这般"闹剧"也是有历史渊源的。自从乾隆年间出现的"原始蹦砂"经过李禧及其继承人的发扬改进之后，蹦砂很快就成了大良当地著名的特产，李禧记也成为粤、港、澳地区知名的老店。

然而，成也蹦砂，败也蹦砂，传承了几百年之后，李禧记的蹦砂已经成了金字招牌，但也成了兄弟反目的导火线。自从20世纪80年代末李禧记正式在工商所登记注册领取营业执照开始，李氏家族本来好好的两个堂兄弟就为了一个字号名分明争暗斗，闹得不可开交，最厉害的时候甚至拳脚相向。他们纷纷强调自己才是李禧的直系传人，这般纷争经常搞得食客们犯难，不知究竟该捧谁的场。

后来，李禧家族的后辈成员为了方便消费者，便约定在不同地域各自开店独立经营，对"李禧记"字号的继承和沿用也有了自家特有的遵循方式。现在，两家"李禧记"已把"争斗"变为一种经营特色。实际上，不管买了谁家的蹦砂，只要是"李禧记"的，便不用纠结是否正宗了。

进店之后，排队等候了一阵，我便吃到了这道很是有名的点心——蹦砂。其实，对于它的名字我还是有些好奇的。这两个字看起来跟手中的点心没有半点联系，那它的名字是怎么来的呢？

蹦砂实际上是一道由面粉拌和猪油、南乳、白糖等配料制成的传统点心，形状类似金黄色的蝴蝶，在当地也称嘣砂或者崩砂。蹦砂意为蝴蝶，其源头来自蝴蝶的英语发音butterfly。人们见这种点心状若蝴蝶，于是在对外宣传时就用butterfly来解释了，久而久之，为了方便，就省略了后面的"fly"，只用前面的"butter"。经过发音的不断汉化，这种点心就成了大良人口中的蹦砂了。

　　现如今，李禧记的蹦砂依然沿用旧有的配料以及工艺，在顺德地区已经成了一种"地标式"的存在。这种充满乡情的美味小食，早已成为来往客商、港澳地区同胞及海外华侨同胞之间馈赠亲友的礼品，并且随着当地美食文化的传播，声誉日隆。

　　蹦砂是一种历史悠久的传统小食，顺德人一如既往地喜欢着这道美食。到了顺德，你不妨停下匆匆的脚步，尝一尝蹦砂，听一听故事，岂不惬意快哉？

太民堡毋米粥
（锦龙路总店）

地址	大良街道锦龙路270号
电话	0757-22266638 或 0757-22263053

粥底火锅

魂牵梦萦的乡味

　　顺德的美食素来闻名天下，广东名菜、粤菜名厨也多半出自此处。对此说法有人会质疑，但是亲自品尝了以后就会明白，也会赞同，原来天下美食竟然真的多出自顺德。

　　自19世纪以来，顺德人就有进食粥水来滋补身体的传统习俗，由此可见，顺德的粥文化源远流长。说起粥水，就不得不提起"毋米粥"。作为顺德美食的代表，毋米粥清新典雅、营养健康的饮食风格符合现代人养生的追求，越来越受到现代人的喜爱。

　　毋米粥，顾名思义就是"无米粥"，它的经典之处在于"有米不见米，只取米精华"。据说，毋米粥是19世纪中后期顺德当地一个姓欧阳的人的妻子摸索制作出来的。后来她将此法传给了自己的女儿欧阳焕松和欧阳焕燕两姐妹。这两姐妹十余岁时成了"自梳女"，之后就去了新加坡谋生。她们两个在新加坡给官宦和富豪做女佣，平时的主要工作就是料理膳食。后来精通顺德粥水制作工艺的陈老太拜欧阳焕燕为师，她尝试着将顺德粥水和火锅结合在一起，创造出了用粥水代替高汤的方法，为粥底火锅的形成做出了极大贡献。

去顺德之前，我从未想到，粥居然能跟火锅联系在一起。所以，在锦龙路的毋米粥店里见到粥底火锅时，我着实吃了一惊。

这是一家装修得很有文艺范儿又很精致的店，在门外的时候我的目光便被这家店的风格吸引住了。傍晚时分，灯光微曛，伴着由美食散发出来的浓郁香味，我的脚步瞬间便被定住了。进店后，看见点菜板上有一道粥底火锅，好奇之下便拉着朋友开始了解其中枝节了。

在顺德粥中，粥底火锅可以算是其中独具特色的一支了。它的锅底是先用香米和东北米混合熬成粥水，然后把米渣磨烂放进粥水一起熬，所以出来的粥如同汤一样，看不见米在里面。粥底火锅在顺德已经有十多年的历史了。现在，很多精明的顺德人开始把以粥底打边炉的做法加以升华，重新包装，以更多的选材和舒适环境经营"粥底火锅"这个独具特色的品牌。

朋友刚介绍完，便轮到我们点菜了，我们点了一份粥底火锅。粥底火锅最大的特色是可涮的菜品众多，其中海鲜类包括白贝、生蚝、水鱼、水蟹、象拔蚝、珍珠贝等；肉类包括牛双莲、肥牛、猪肉丸、牛肉丸、粉肠、鸡什、咸猪骨、上肉、猪肝、什肠等；蔬菜类包括冬瓜、鲜淮山、胜瓜丝、香芋、西洋菜、生菜、菜心、娃娃菜、油麦菜等；菇类包括鲜冬菇、金针菇、平菇等。等选定的食材上齐，万事俱备之后便可以大快朵颐了。

我发现，粥底火锅相比一般的清汤或老火汤底，确有很大不同，它味道更为清鲜，而且绵滑的粥底对火锅料还能起到一定的保护作用，令其不烫不老，有助于保持火锅的爽滑口感。

粥底火锅将粥和火锅两者结合，用粥水取代传统的汤底涮火锅，好处至少有三个：一是不怕上火；二是不怕油腻；三是粥底火锅味道更为清香，更能突出火锅料的原味。

听人说，这里煮粥用的大都是经过特殊处理的香米。米在下锅之前需要轻轻地揸上一遍，让所有的米都碎成两三瓣，然后淘洗干净，再用油盐拌匀，稍腌片刻就可以放入大瓦煲里煮。等这一煲粥煮到水米交融的时候，粥水就会滚开，呈菊花状，从里面往外一层层翻开。这时候，从花心处舀上来

的粥水，也就是粥清，就是我们要吃的东西。它可以说是粥中精华，看起来浓稠雪白，闻起来香郁扑鼻，吃上一口，清甜绵软，顺滑如汤。

值得一提的是，煮稠的粥底里含有可以包裹食材外层的胶质，可以留住食物的鲜味，这一点非常符合顺德人对食物新鲜的要求。不仅如此，粥底火锅店还会推出小炒和小吃作为"配套美食"，在涮火锅期间，你可以偶尔吃几口小菜来换换口味，这样就免了"一粥到底"的吃法带来的单调。

等到粥底火锅中的材料吃得差不多了，就可以往里加菜了。首先建议你加入青菜丝和玉米粒，因为这个时候的粥，不仅火候非常足，而且已经吸收了各种材料的味道，涮出的菜基本上不用再放什么调味料就能吃出可口的味道。

吃过小菜之后，撤下粥底，换上一锅浓香的鸡肉，用文火接着细细地焖。一般情况下，鸡肉里面大都搭配了各种材料，如鳝片、姜丝、蒜头等，这些东西混合在一起，散发出的香味简直让人欲罢不能。等到汤汁完全渗入鸡肉的时候就可以开动筷子了，一口下去，那醇厚浓郁的感觉让人无法忘怀。

吃粥底火锅是一个漫长而又惬意的过程，谈笑间不时探下小勺，先品尝几口粥清，再配几个小菜，涮些各自喜欢的东西，涮得久了，粥底渐渐浓稠起来以后，还可以换换口味……

不过，粥底火锅虽然受人们的喜爱，据说其制作工艺却面临着失传的危险。虽然相关部门已经在寻找应对之策，然而结果如何还是未可知的。我只希望这美味可口的粥底火锅能够永远地传承下去，因为传承的不仅仅是一份美食，也是一份文化。

味力小厨（嘉信广场店）

地址　大良街道兴顺路嘉信
　　　城市广场一期 1D22
　　　号铺

电话　0757-29808329

姜油风沙鸡

让人垂涎的凤城招牌菜

大良街

食不厌精，脍不厌细

　　有人说"天下美食在广东，广东美食在顺德"，我很庆幸自己选了个好地方，可以在顺德这片土地上，品尝大半广东的美食。来了顺德多日，我发现这里不愧是尽出名厨的凤城，除了有让世人羡慕的得天独厚的地理条件，还有许多将功夫放在研究美食上的人。他们喜欢将各种各样的本地物产精心烹调，做出各种新花样，然后互相品评，不断改进，最终他们的整体厨艺都提升到较高的水平，也有了"厨出凤城"的说法。

　　来了顺德自然绕不过大良街道，而进了大良街道，最该去的当数位于嘉信广场的味力小厨了。在当地，味力小厨也是小有名气的，它环境好，口味佳，菜品量大价优，所以很受欢迎。

　　正是晚饭的时候，我喜欢在忙碌的一天结束后出来觅食。夜风凉凉地扫在脸上，在这般霓虹闪烁、行人如流的气氛里，我满心安逸。信步走进这家餐厅，听说他家的鸡肉类菜品做得很不错，我便点了道姜油风沙鸡，打算伴

着两杯啤酒，好好地享受一番这里的夜色。

姜油风沙鸡我是听说过的，因为在众多食客选出的60种凤城招牌菜里，最有名也备受美食家推崇的便是这一道姜油风沙鸡。

姜油风沙鸡的做法早前在港澳餐厅比较流行，现在，随着"好吃"之风的盛行，被越来越多的人喜欢。所谓"风沙"，指的就是炸香的姜蓉，在这道菜里，姜蓉要炸得够干、够火候，这样吃起来才够香脆。

做好之后的姜油风沙鸡被服务生端了上来，这般皮红肉白，远远地看着就已经是一种视觉享受了。夹起一块铺上蒜粒的鸡肉，一口咬下去，入口松香，口味别致，满满的姜香，甚至还有鲜香的鸡肉汁流出来。"风沙"的焦香和鸡皮的爽嫩完美结合之后简直好吃得不得了！

一道姜油风沙鸡吃得我心满意足，顺便跟来店查看的老板探讨了这份美食的做法。听他介绍，在做姜油风沙鸡的时候要经过两次调味、两次成熟，必须把握好的还有口味的调整以及色泽的变化。只有注意好了这些，才能做出色、香、味俱佳的姜油风沙鸡。

凤城的招牌菜那么多，而且道道都是勾人味蕾的极品美味，姜油风沙鸡又称得上是其中上品。故而，去顺德，一定不要忘记这道让人垂涎的招牌美味。

民信老铺（华盖路店）

地址	大良街道华盖路115-
	119号（近大良华盖
	路商业步行街）
电话	0757-22222424

榜上有名

大良炸牛奶

　　美食无论何时都是人类的一大追求。我虽然算不上美食家，但也一心想要寻找隐藏在大街小巷的美食，于是带着猎奇的心情，开始了此次旅行。

　　每寻到一份美味，便犹如挖掘到了一份珍贵的宝藏，每种美食的印象都会久久地铭刻在我心里。逛了鼎鼎有名的清晖园后，顺着华盖路找到了民信老铺，跟朋友一起找到空位坐下来，点了一份炸牛奶，又添了些小点，一边翻着照片，一边享受着难得的惬意时光。

　　店家将炸牛奶送了上来，只见一只小长盘里整整齐齐地摆了八块炸牛奶，看着量少，但绝对吃得过瘾。奶香浓郁，奶酱咸稠，外皮松脆，这般好吃惹得我这个不怎么喜欢牛奶的人也吃得开心。

　　想到之前吃的炒牛奶，再看看眼前的炸牛奶，我不由得感慨顺德人对牛奶的一往情深。顺德乡间一般养水牛做役畜，农闲的时候就把水牛放在山冈上和草坡上野牧，所以便有了许多优质的水牛奶。早期，对于这些水牛奶人们并没有什么好的吃法，只是在新鲜的水牛奶中加点白糖就直接喝了，后来人们逐渐开始用水牛奶煲奶、炖奶，之后又研制出牛奶炖鸡、蒸牛奶、炒牛奶、炸牛奶、锅贴牛奶、牛奶打边炉等，用水牛奶做出的吃食简直不胜枚举。

在众多的牛奶制品中，大良的炸牛奶最为有名。它源于炒牛奶，出现时间自然比炒牛奶稍晚些，大概在20世纪70年代中后期。当时据说有一个头脑灵活的厨师，他见牛奶可以炒，于是联想到炸牛奶，而且觉得炸了应该更好吃。他想，马蹄糕蒸熟后放凉上了浆可以脆炸，牛奶肯定也可以。于是他拿来1斤鲜水牛奶，各取了一些澄粉和淀粉，放入牛奶中，加入白糖，上锅蒸熟，摊凉，切成块，再蘸上脆浆，放到热油里炸，炸到牛奶块变金黄时即出锅，一尝果然十分美味。就这样，大良炸牛奶诞生了。

炸牛奶被研制出来以后，种类也逐渐多了起来，味道可咸可甜。一般甜的炸牛奶是以白糖和椰糠入味的，而咸的炸牛奶则只用盐，在吃的时候佐以一些当地的调味汁。在一些宴会上，炸牛奶常常和野鸡卷一起搭配，一咸一甜，构成了最佳的顺德菜拼盘。《中国名食百科》里对炸牛奶大加赞赏，说它"大小似骨牌，色泽似蛋黄，外皮酥脆甘香，内里松化软滑，奶香宜人，营养丰富"。

大良的炸牛奶用的是水牛奶，而不是普通的奶牛奶，由于水牛奶的含脂量比奶牛奶高几倍，所以用水牛奶做出的炸牛奶奶香更加浓郁，而且里面的奶浆更黏稠。

炸牛奶的脆化效果主要靠的是"脆浆"，但是很快就有人发现这种松脆的效果持续时间不长，于是有人改用方包片，把"脆浆炸"变成了"吉列炸"，做成的炸牛奶的形状也从骨牌形变成了圆形或圆柱状。这为制作大量半成品提供了方便，一般饭店在供应这道菜时只要入油锅炸一次就可以了。

不过，我吃到的是脆浆炸制的，那种松脆是"吉列炸"所无法比拟的。

吃着炸牛奶，伴上几样传统小点，再配上一盅椰子炖奶，这样的美味，你难道不想试一试？

金榜老街坊姜撞奶

地址	大良街道金榜上街33号
电话	13823467008

姜撞奶
一场最美丽的邂逅

　　顺德的美食有那么多，其中独具特色且具有代表意义的更是不胜枚举。今天我要说的就是姜撞奶。姜撞奶，即姜汁撞奶，是流行于顺德地区的汉族传统饮食。追其根本，就是一种以姜汁和牛奶为主要原料，经过一系列简单工序制作而成的小吃甜品。

　　金榜上街的金榜老街坊姜撞奶是当地一家人气火爆、口碑极好的店铺，专营姜撞奶和双皮奶。我去了两次。第一次是在逛完清晖园的下午，我跟朋友去吃了份双皮奶，那滋味我至今难忘。第二次，我是特意去的，只因为之前了解得不多，居然漏掉了鼎鼎有名的姜撞奶。

　　进店之后，跟老板打了个招呼，因为来过，所以老板对我还有印象。还没来得及落座，我便点了姜撞奶的大名，然后满心期待地等了起来。不多时，精心制作而成的姜撞奶就上桌了，味道香醇爽滑，甜中带点微辣，这般独特的风味我之前从未吃过。

　　在中国，不乏一些具有药用功效的美食。古人注重以食补身，而姜撞奶就是其中对人体健康颇为有益的一种。对于姜的功效，书中记载："姜，

性温，味辛，有发汗解表，温中止呕之效，以药食俱佳见称。"不仅姜具有神奇的功效，牛奶的养生功效也不容小觑。牛奶不仅营养丰富、容易消化吸收，而且物美价廉、方便食用，可以说是"最接近完美的食品"，人称"白色血液"，可见其重要性。

因为姜和奶的特殊之处，姜撞奶这种由姜和奶混合制成的小吃，其效用自然也是极好的。它不仅具有祛寒行血、养颜美容的功效，而且还具有止咳安眠的作用，其中更是蕴含着大量人体必需的铁、锌、钙等元素以及维生素，对调整血气、促进脑细胞发育、促进骨骼生长具有一定作用。

关于姜撞奶的由来，还有一个很有趣的故事。相传，在很久很久以前，广东番禺的沙湾镇有一个年迈的老婆婆犯了咳嗽病，她整日地咳嗽，而且越来越厉害，许多时候，老婆婆咳嗽得难以呼吸，时常憋得满脸通红，老婆婆说这样咳嗽下去简直生不如死。

老婆婆的家里人看着她这样难受十分着急。机缘巧合之下，老婆婆的儿媳妇听说姜汁可以治疗咳嗽，于是她兴冲冲地找来姜并且碾成汁，但是无奈姜汁味道太辣了，老婆婆根本就没有办法喝下去。儿媳妇几番思索，最后决定将老婆婆每天都喝的牛奶加糖煮热后倒入姜汁里，她觉得既然牛奶和姜汁都对老婆婆的身体有好处，那么两样合在一起自然也是无害的，而且加了糖的牛奶必然能缓解姜汁的辣味。不料，儿媳妇把带糖的牛奶和姜汁混在一起之后发现，这东西隔不了多久就凝结了，试了几次依然这样。儿媳妇最终决定将做好的东西端给老婆婆尝一尝。她万分忐忑，老婆婆却吃得十分开心，赞叹道："这个喝起来简直满口清香。"

更神奇的是，没过几天老婆婆的病竟然好了，儿媳妇做出的东西也由于老婆婆的夸赞流传了出来，自此以后姜撞奶就在沙湾镇流传开来，又因为沙湾人把"凝结"叫"埋"，所以"姜撞奶"在沙湾又被叫作"姜埋奶"。

姜撞奶不仅口味独特，而且有一个堪称奇特的制法：在制作姜撞奶时，首先要把加了白糖的牛奶放到炉子上慢火加热，然后拿一块刮了皮的老姜，在铁筛上磨成姜蓉漏到纱布上，再把纱布拧紧，压出又黄又浓的姜汁，倒在碗里，待炉子上的牛奶煮开了就马

上熄火，并且用大铁勺在奶锅里搅拌降温，片刻之后用大铁勺舀上牛奶，高高地往碗里吊冲，这样一碗姜撞奶就做成了。

听说，现在顺德的姜撞奶已经走出了国门，尤其受到不少日本、美国客人的喜欢，常常有人慕名不远万里专程而来，只为能够品尝一下地地道道的姜撞奶。

这么多年来，姜撞奶一直在顺德地区流传，直到现在，许多外地游客到顺德后都会特意去大良的甜品店叫上一碗姜撞奶，不仅图个新鲜好吃，也求个身体康健。

所以呀，如果你有机会去顺德，一定要记得跟姜撞奶来一场美丽的约会。

大门公饭店

地址	大良街道 105 国道大门石材市场内
电话	0757-22667323

凤城四杯鸡

不得不吃的美味鸡

　　凤城四杯鸡是顺德传统名菜里不可或缺的一部分。据说凤城四杯鸡因做的时候要用四杯调料（一杯油、一杯糖、一杯酒和一杯酱油）而得名。在顺德，如果要吃四杯鸡，那就得去大良。

　　既然到了大良，我自然不会放弃这个犒劳五脏庙的好机会。跟朋友一起进了大门公饭店，寻一处靠窗的位置坐下，未曾喝酒，心里却已然醉了。

　　等到凤城四杯鸡上桌后，果然如同传言那般，豉香味浓，甘甜爽滑，汁鲜肉嫩。

　　有人说四杯鸡是一位普通的顺德家庭主妇在日常烹饪中创制的。其实，我倒认为四杯鸡的产生一定是源于许多人的共同经验和智慧，并不是哪一个人心血来潮或灵光一现的结果。它的做法简单，但是味道接近完美，几乎所有吃过的人都对它赞赏有加。它甚至可以跨越许多地域和口味上的差距，让人心情舒爽地享用，这本身就说明了这个菜在产生之初曾被不断地改良过。

　　陪我同去的朋友告诉我，过去正宗的凤城四杯鸡一定要用肥瘦刚好的"妙龄"三黄鸡来做，和现在普通家庭在超市采购鸡肉回去炖煮的效果自然也就差距极大。除此之外，在做四杯鸡的时候要将整只鸡拆开来做，做完以后还要拼成鸡的形态，可以说是十分讲究的。而且在早先时候，人们大多用的是灶火，由于烹制时间比较长，锅的盖子又是木质的，一滴蒸馏水都不会滴进菜里，所以才能做出特别的味道来。现在，坊间早已不用灶火了，木质锅盖也几乎消失殆尽，就算备齐了所有的材料，也很难再做出当年四杯鸡的味道了。

大门公饭店的厨师做四杯鸡时虽然用的不是灶火，却也做出了难以比拟的美味口感，可见是个有本事的。我本来还想瞅着机会去偷个师，可是偌大个饭店，食客如云，便只得打消了这个念头。

意犹未尽地离开大门公饭店，我终于明白了为什么会有那么多的人喜欢吃这里的四杯鸡，也下定决心：以后若有机会，一定还要来顺德，再来品尝这里不寻常的家常四杯鸡。

你呢，可也动心了？

冯不记面店 (锦绣路店)

地址　大良街道锦绣路与锦
　　　鸿路交叉口西 50 米
电话　13727336800

不是饺子，胜似饺子

凤城鱼皮角

　　之前曾听人说："料理食物就像料理人生，品尝美食就像品味人生。在食物里，有感情，有哲学，更有眼泪和感动。"作为一个资深的美食爱好者，我深以为然。我觉得，当美味食品滋润我们的胃的时候，每一个人都能够或多或少地感知来自食物的温暖与感动。在几千年的中华民族传统文化里，各民族文化相互交融，食物也随之更替发展，每一样美食里都浸透着中华民族千年的文化积累，特别是一些古老的美食。

　　我怀着"吃遍天下"的壮志来到顺德，在朋友的推荐下尝试了凉拌爽鱼皮的滋味，我这才发现，原来鱼皮也是一味好东西。

　　我们今天要去吃的也是鱼皮做的美食，名字叫作凤城鱼皮角。人们都说要吃鱼皮角当首推"冯不记"，于是我们便去了大良街道的冯不记分店。店面不大，里里外外都透着古老的气息，好在明窗多，采光又极好，所以也不显得阴暗。我们选了一个靠窗的位置坐下，点了菜单上打头的凤城鱼皮角。

　　"鱼皮我知道，这角是什么呀？"点好之后我有些疑惑地问道。帮忙点餐的阿姨看了我一眼，笑着向我介绍起来。原来，鱼皮角的"角"在顺德等同于饺子的"饺"，鱼皮角实际上就是鱼皮饺。因为这道吃食的外形是扁平且呈半圆形的角状，所以便得了这个"角"字。

凤城鱼皮角是顺德有名的一道特色小吃，深受珠三角乃至港澳地区食客的喜爱。它的知名度完全不逊于均安鱼饼、陈村粉、大良炒牛奶等鼎鼎有名的美味。就连香港著名美食家蔡澜先生品尝了之后都连声赞叹："最最最好吃！"这样简单却又发自内心的一句话，俨然已经成为凤城鱼皮角最好的代言。

冯不记在顺德算是一家老字号了。据史料记载，在明末清初时，顺德大良的华盖路上出现了一家小食店，主要经营粥、粉、面、饭，店主姓冯。因为这个小食店的菜品上佳，经营得法，生意一时十分红火。当时盛行赊账之风，冯姓店主为了避免食客故意赊账拖欠饭资，就将店名改为冯不记，意思就是店里不记账。

在当时，冯不记经营的菜品中最有名的是一道云吞。他家的云吞皮薄如纸，包好后馅料的纹理清晰可见，所以有"玻璃云吞"的美称。玻璃云吞虽然外形、口味上佳，但做起来不太容易。皮薄易破不说，火候也是极难掌握的，烧得过了，面皮就会烂开。冯不记的店主在多次研究之后发现，可以用鱼皮代替面皮，于是爽滑耐煮的鱼皮云吞就这样诞生了。后来，他们又将云吞的形状改成扁平、粉角状的半圆形，形状酷似北方的饺子，便为它起了个名字叫鱼皮角。

等到热气腾腾的鱼皮角端上桌来，我才真真切切地有了不虚此行的感觉。盘子里放着七八只鱼皮角，还未吃进嘴里，便被它们浓郁的鲜香味儿勾出了口水。我迫不及待地用勺子舀起一只，轻轻一咬，那股软糯柔韧的感觉瞬间就让我折服了。

听了那位阿姨的介绍我才知道，原来冯不记的名号能做得这么长久响亮，也是有原因的。他家的鱼皮角很讲究，选用鲜活的鲮鱼，刮青后焖烂，与上等的面粉搓匀了，再碾薄做皮。将瘦猪肉松、韭黄、鲜虾仁、白芝麻、鲜笋等拌匀做馅，包成一个个小巧玲珑的饺子

状。这样才能做出洁白鲜嫩、香滑爽口和久煮不烂的鱼皮角。

　　几只鱼皮角，一碗鲜汤，不一会儿就吃了个干净，那味道却一直在我唇齿间萦绕，其中既有鱼虾的鲜味，又有喷香的肉韵，真可谓"不是饺子，胜似饺子"。

　　吃了这么多年的鱼，我向来觉得对于鱼肉，自己算得上半个行家了，结果到了顺德才发现，我之前都是坐井观天。这一趟出行，我的收获着实不少。

清晖丞坊饭店

地址	大良街道环市东路自由便利店旁
电话	0757-22660783

悠悠水乡情

六味烩长鱼

　　人们常说，每一位土生土长的顺德人都是这世间最挑剔的食鱼"专家"。顺德人吃起鱼来花样繁多，而这些吃法也流传到了全国各地。

　　顺德是鱼米之乡，故而鱼多。吃鱼肉对人的身体有好处，故而顺德人利用其得天独厚的条件，用鱼肉烹调出了许多佳肴：从变废为宝的草鱼肠，到物尽其用、毫不浪费的"一鱼六吃"；从香酥脆软的均安鱼饼，到别出心裁的煎焗甘鱼……顺德厨师可谓是变着花样做鱼。如果你恰好爱吃鱼的话，那么请相信，顺德就是你梦寐以求的食鱼天堂。

　　在顺德"十大美食"之中，有一道六味烩长鱼，这道菜不仅味道好，而且具有养生的作用。所以，在美食遍地的顺德，这道家常的烩长鱼也争得了一席之地。

　　长鱼也就是鳝鱼，又名黄鳝、无鳞公子、海蛇等，它因味鲜肉美、刺少肉厚而广受人们喜爱，又因经常生活在稻田、小河、小溪、池塘、湖泊等淤泥质的水底层，且比较常见，故被列入经济类鱼种，成了人们餐桌上的常

客。长鱼不仅肉嫩味鲜，而且全身是宝，它的肉、血、头、皮均具有很高的营养价值和药用价值。

中午的时候，经友人推荐，我来到一家名叫"清晖丞坊"的饭店，特意点了她家的招牌菜——六味烩长鱼。对于一个外地游客，最难的就是在当地大大小小的食肆中找到最为正宗地道的一家。不过我也不太计较这些，在询问了当地人的意见，又考量了一番自己所处的位置之后，我做出来这家店打牙祭的决定。

所谓的"六味"指的是六种辅料。顺德人根据长鱼的肉质，结合其营养价值以及药用功效，将青红椒、熟笋、韭黄、冬菇、干米粉及半肥半瘦的叉烧烩入长鱼中，这样做出的长鱼不仅吃起来口感非常好，而且"六味"与长鱼混合烩出的汤鲜而不腥，是强身健体、美容滋补的美味佳品。

尝一下，我便发现自己找对了地方。这家的菜品不仅实惠、地道，而且味美。这家店在当地颇负盛名，生意一直很火爆。这些年来，饭店老板勤勤恳恳，保持以前的菜品特色，一直在做传统又地道的顺德美味。

现如今，随着社会的发展，许多传统的事物在时代的潮流中丧失了活力，许多美食也因为传统制作工序的改变而失去了原有的滋味，甚至逐渐消亡。难得的是，顺德这道六味烩长鱼依旧坚持着原有的味道，用最原生态的方式为我们提供了最正宗的美味。

日新月异，一切都在变化，但不变的是顺德人面对美食的情怀。怀着悠悠的水乡情怀，吃一碗六味烩长鱼，便能感受最正宗的顺德味道，也希望能有更多的人就着这道菜，将这份情怀融进心里。

凤翔龙厨雷公饭堂

地址	大良街道凤翔商业广场 68 号铺
电话	0757-22898666

养生圈内的「重口味」

豉汁打边炉

　　我爱吃火锅，尤其是川味火锅。所以，当朋友唤我出去吃火锅的时候，我还想着，那么爱吃辣的她必然要带我在顺德找一家正宗的川味火锅店了，不料她却带我去吃了一次正宗的广东火锅。

　　在广东，人们习惯于将吃火锅称作"打边炉"。为什么叫"打边炉"呢？"打"实际上就是"涮"的意思。因为吃火锅时，人们都是守在炉边上，将食物边涮边吃，所以吃火锅就叫"打边炉"了。

　　俗话说："一方水土养一方人。"广东的水土气候不宜吃辛辣火热的川味火锅，于是善于研究美食的广东人便做出了口味温和的火锅，推广之后深受广大食客的喜爱。

　　南方人打边炉和北方人吃火锅有许多不同之处。北方人的火锅主料相对较少，一般是羊肉、白肉、酸菜等，蘸料却特别丰富，有酱油、香油、醋、卤虾油、腐乳、韭菜花……吃得人们满嘴留香。而南方人刚好相反，他们打边炉的主料特别多，像鸡肉、海鲜、狗肉、蛇肉之类都能成为打边炉的食材，而蘸料却没有多少。

　　在顺德人眼中，打边炉的最高境界是"清水打边炉"，因为他们讲究的是原汁原味。一锅清水，少许葱姜，几片陈皮，越简单的做法，越能突显食材本来的味道。在当地，传统的打边炉是站着吃的，炉子用泥巴做成，里边烧着木炭，上边放着一个砂锅，所用的竹筷子有普通筷子的两倍长。一顿打边炉一般吃两三个小时，那份闲情逸致让很多人羡慕不已。不过，随着时代的发展，广东地区的打边炉与北方地区的火锅相比，除了在用料上有点差别，已没有什么明显的区别了。

在北方是根本见不到用蛇肉下火锅的。不过在顺德，打边炉的食材中，蛇肉最为出名。顺德的蛇肉都是以斤计价，现磅现杀的。据说，蛇皮要最先下锅，涮的时间最久，要等到最后才吃。蛇胆与蛇血是拿来兑白酒喝的，但不能放得太久，否则会很快凝结。蛇肉、蛇肝可切成薄片烫食，等到蛇肉吃完，蛇皮也就可以吃了。

顺德样式丰富的打边炉里，口味最重、最出名的当数"豉汁打边炉"。虽然顺德人打边炉时用的酱汁不多，但对酱汁的选用却颇为讲究。其中，选用天然原料并经过6个月发酵制成的豆豉是打边炉的最佳蘸料。我和朋友吃的，正是鼎鼎有名的豉汁打边炉。

我们来到凤翔龙厨，选了一条肥美健壮的鲢鱼作为主料。听凤翔龙厨的人说，很多人喜欢选鸡肉做主料，因为土鸡肉质弹韧，口感香酥，所以就成了顺德人打边炉时的心头好。听他这么一说，我便打定主意，下次再来尝尝以土鸡肉做食材的打边炉。

只见在火炉上放着精致透明的水晶锅，光看着就很是赏心悦目。待汤汁在锅里翻滚，我们便开始涮鱼肉了。鲜美的鱼肉配上风味独特的豉汁，不多时我们就吃得满身细汗，却大呼过瘾。

在干冷的冬季，常年在外工作的人回到家里，和亲朋好友围坐在一起，热热闹闹地吃打边炉。美味的食物不仅温暖着脾胃，其乐融融的氛围也温暖着归家人的身心，这大概就是顺德人钟爱打边炉的真正原因吧。

容桂街
穿越千年的滋味 >>>>>

在光阴的流转里，粤菜就像一坛封藏的老酒，日久弥香。我顺着时光的印记，追寻了许久，只为一寻散落在街头巷尾的美味。当我走过容桂街的时候，舌尖上传来了丝丝悸动，不知道这个地方到底藏着多少人的美食梦……

渔家庄海鲜酒楼
（红旗中路店）

地址　容桂街道大福红旗中
　　　路68号（近红旗市场）

电话　0757-28980633

东方奶酪

寻觅世间最优质的"奶酪"

　　顺德是一个非常适合去大吃一顿的地方，它所拥有的美食就算三天三夜恐怕也是说不完的。各种海鲜美味更是数不胜数。一日，我本来是去容桂街道上的渔家庄海鲜酒楼寻找海鲜，在看菜单时，却被一个拥有"洋气"名字的美食吸引了注意力，这道美食便是东方奶酪。

　　奶酪想来大家都是知道的，它是一种由西方人发明出来的发酵的牛奶制品，和我们常见的酸奶有相似之处，例如，它们都是通过发酵制作出来的，都含有具有保健作用的乳酸菌，等等。但是奶酪更接近固体，其中所含的营养价值也更高。

　　那么，所谓的东方奶酪到底是什么呢？好奇之下，我点了一份，上桌之后才发现，原来它就是很多人都吃过的腐乳。腐乳又称豆腐乳，是一种用小块的豆腐做坯，经过发酵、腌制做成的食品，也叫酱豆腐、南乳或者猫乳。

　　在顺德，腐乳一般称为南乳或者红腐乳、红方，它的表面是枣红色的，内部是杏黄色的，又因为味道中带有脂香和酒香，所以吃起来有点甜味。南乳是以优质的大豆为主要原料，再辅以红曲米、绍酒等作料，经过复合发酵之后精制而成的。南乳中含有大量优质的蛋白以及人体所需的多种氨基酸，闻起来香气浓郁，风味醇厚，具有健脾开胃的功效。

现在的顺德，最有名的当数广合腐乳，作为人们津津乐道的腐乳精品，它甚至已经远销到了港澳地区。据说，广合腐乳的创始人从光绪十九年（1893年）就开始在广东一带做腐乳生意，后来，广合腐乳得到了很好的发展，直至今日，人们说起腐乳就会想起广合腐乳。

如果你去顺德，仔细观察就会发现，当地人不管吃什么都习惯加入一些南乳，在他们看来，加入适量的南乳不仅可以提高食物的口感，也能增加其中的营养价值，可以说是好处良多。

在众多以南乳为调味作料做出的美味当中就有顺德特产的大良南乳味硼砂，它是由面粉拌和南乳、猪油、白糖等配料制成的传统食品。除此之外，对于正宗的广州特色食品咸煎饼、鸡仔饼，南乳也是重要的调味原料。而鼎鼎有名的中国南派花生、岭南美食南乳花生，不仅十分美味，而且吃多了也不会上火，可以说是当地人心目中下酒必备的上乘小食。

虽然腐乳被称为"东方奶酪"，可事实上，它的营养价值要比奶酪好。奶酪作为动物性蛋白发酵食品，所含的脂肪和胆固醇都很高，而大豆含有的都是优质蛋白，用大豆做成的腐乳，尤其是顺德南乳，是植物性蛋白发酵食品，对人体健康更为有益。

去了顺德就离不开吃，吃顺德菜就离不开南乳，渔家庄海鲜酒楼的"东方奶酪"，绝对让你不虚此行。

新麒麟酒楼

| 地址 | 容桂街道文海西路45号 |
| 电话 | 0757-28819832 |

麒麟生鱼

顺德人的看家菜

　　顺德是鱼米之乡，这里的许多家庭号称"餐餐有鱼"。我虽然未曾去别人家的餐桌上看过，但是来顺德的这些时日，光鱼就已经吃了好几种，对此也就深信不疑了。

　　夜晚的顺德与别的城市并无差别，一样的行人碌碌，一样的车水马龙，一样的霓虹闪烁……收起夜晚时莫名生出的思绪，我决定用美食让自己沉寂的心欢腾一下。抬眼最先看到的是新麒麟酒楼，任性如我，便走了进去。

　　"麒麟生鱼？"看着菜单我有些疑惑。

　　"据说这道菜是用麒麟生出的鱼做成的，你不想试试？"服务员还没来得及说什么，邻桌一位独行的姑娘便开了口，言毕莞尔一笑。麒麟能生出来鱼？听起来倒是很有意思。这样想着我便做好了决定，今天就点这道菜了。

　　而关于麒麟生鱼，我也从那位姑娘口中听到了完整的故事。麒麟是上古神兽，在古代被人们视为镇宅、生财、辟邪、挡煞的吉物。据说，有人在河边看见一只麒麟，激动之下，他喊来了附近的居民。麒麟看见那么多人围了过来，便吐了一团火焰离开了。等它离开之后，人们在它待过的地方发现了一条大鱼，于是认为这条鱼是麒麟生出来的。这些人本来想把这条鱼当作圣物供起来，可惜这条鱼已经死了，并且不便于保存，于是，有人便提出把这条鱼分食了，这样的话每个人就都能拥有好运，这道用"麒麟"生出来的鱼做成的菜就是鼎鼎大名的麒麟生鱼。

我觉得，传说自然不可信，且不说麒麟生不生得出来鱼，就算那条鱼是麒麟生出来的，那它也已经被最早发现的那批人分食了，哪里还有后来的用麒麟生出来的鱼做的菜？更何况现在的麒麟生鱼里所用的鱼都只是寻常的鲤鱼。

菜上桌后，我看到的是一道用鱼、金华火腿、香菇、西蓝花等材料精心烹饪而成的一道菜，吃起来口味鲜咸，质地滑爽。想来正是因为有这般味道，麒麟生鱼才会被以"嘴刁"著称的顺德人接纳和喜欢的吧。

见我分析得头头是道，那位姑娘也笑了笑，表示赞同。就这样，在异地他乡的饭桌上，我与一位素不相识的姑娘因一道菜结了一顿饭的缘分。知道我这次出行的初衷之后，同为"吃货"的她还给我分享了麒麟生鱼的做法，让我有时间自己试试。

做麒麟生鱼时需要将鱼起肉去皮之后切成小块，将金华火腿煮熟后切成小块，把香菇切成斜片，将这些依次码好，上锅蒸五分钟，然后加入调料、高汤，最后装盘勾芡就可以了。

我相信，一定有很多人跟我一样，在去顺德之前压根儿就没听说过世上居然有麒麟生鱼这道菜。初次听到这道菜名的时候，我还以为它是类似于生鱼片的一种菜品，谁知它竟然不是生的鱼，更不是麒麟生的鱼。而且我也没想到，一道鱼肉居然可以做得如此美味。

容桂街 穿越千年的滋味

65

华记粥饭店

地址	容桂街道天佑城德胜路 16 号
电话	0757-26627616

凉拌爽鱼皮

化腐朽为神奇

　　我时常觉得，一个食客的幸福无疑是生活在一个充满美食的世界里。世上有很多值得亲自体验的事，去寻找美食，既是一种乐趣，也是一种对未知的探求。这次遵循本心背着行囊来到顺德之后，我当然要咨询一下顺德的朋友："这边都有哪些好吃的？"朋友听完，一脸自信又有些为难地回答道："顺德的美食太多了，花上三天三夜估计也说不完，你还得自己去找。不过，既然你爱吃鱼，那么有一道凉拌爽鱼皮值得一试，那种味道，绝对让你满意。"

　　听朋友这么说，我的心里有些疑惑，鱼皮？这个在寻常人眼里毫无美食价值的东西居然也能做成一道菜？我很好奇，决定和朋友去尝尝这个会让我满意的吃食。

　　我虽然喜欢吃鱼，但是对鱼皮向来是敬而远之的，这次朋友热心推荐了凉拌爽鱼皮，我虽然期待，但也有些忐忑。

　　我们来的这家华记粥饭店虽然以各种鱼类鲜粥闻名，但他家的凉拌鱼皮也很不错。这里环境好、服务态度好、价格公道，菜品也非常实惠。一进店，里面的环境让人心里甚是舒服。点好菜之后跟朋友闲聊了起来。鱼皮上来时，原以为必然会有一股鱼腥气扑鼻而来，结果飘来的却是醋香和葱姜味，十分醒胃好闻，我心里立刻对鱼皮有了几分好感。拿起筷子夹了一块鱼皮，仔细看了看，发现这鱼皮做得很精致，刀工非常细，上面不带一丝鱼肉，弹弹的，呈半透明状。

朋友说，第一次吃，怕腥就多蘸些姜醋，味道会更好。我用鱼皮又蘸了蘸盘底的醋汁，这才送入口中，果真一点鱼腥气都没有，嚼起来非常弹牙清爽，脆脆的，别提有多爽口了！至此，我才完全相信，凉拌爽鱼皮真的很好吃，它简直就是变废为宝、化腐朽为神奇的美食瑰宝。

邻桌的客人见我是外地来的，便热情地向我介绍起了鱼皮的由来、做法。原来，最早将鱼皮搬上桌的是顺德陈村人，也就是陈添记的创始人。20世纪40年代，由于食物稀缺，鱼皮便也被单独做成了一道果腹菜。顺德人所做的凉拌鱼皮用料取材是非常方便的，像鲩鱼、鳙鱼、鲮鱼等鱼类基本都可以拿来做这道冷盘。做这道凉拌鱼皮的时候，一般是把鱼皮稍煮一下，加些葱、姜去腥以后就可以上桌了。他还说，这种凉拌鱼皮在他们这里最好是配着艇仔粥来吃，两者绝对是天造地设的一对，不吃根本难以想象出其中的滋味。

据说，凉拌鱼皮还有一个非常好听的名字，叫"寒衣织锦"，因为凉滑的鱼皮和金黄的姜丝交织在一起，就好像金色的纱线织成的寒衣。人们都说，到了顺德如果不吃鱼皮那就白来了。就连美食散文家沈宏非也曾经说过："广东人是吃鱼皮的行家，顺德传统小食爽滑鱼皮即粤人的鱼皮杰作。"《食在广州》一书也曾评论凉拌爽鱼皮是"粗料精做，化腐朽为神奇"的典型菜品。

感谢了热情的邻桌食客之后，我便专心地品起了这道一开始并不被我看好的美味。午后的阳光添了几分惫

懒，穿过酒楼的玻璃窗洒在了我的面前，斑斑点点的光耀似乎将我拉离了喧嚣的城市，周围渐渐安静了下来，我的思绪也慢慢地飘远了。

对于顺德来说，我只是万千游人中的一个；对于热情的邻桌食客而言，我也只是一个与他有一面之缘的过客。也许在以后的人生里，顺德的风景只是残留在我脑海中的一段记忆，但我相信，凉拌爽鱼皮一定会在这段记忆里留下最深刻的一笔，不仅因为它的美味，还因为它蕴含着的顺德人变废为宝、化腐朽为神奇的智慧。

到了顺德，千万别忘了去品尝这道鱼皮菜。如果你愿意的话，可以去陈添记的小店排个号，尝尝最正宗的味道，或者可以如我一般，去容桂街的酒楼里品尝，也别有一番滋味。

新鸿兴黄鳝饭店

地址	容桂街道富华路富华楼 172 号
电话	0757-28315408

顶骨大鳝

纯肉无骨，原汁原味

　　初到顺德，不仅会被这里的盛景吸引，也会被眼前的各种美食勾去魂魄，其中有一道看似平实却不得不品尝的美味，就是纯肉无骨的顶骨大鳝。

　　在顺德话里，大鳝即"白鳝"，其实指的是鳗鱼，而"黄鳝"才是北方常说的"鳝鱼"。顺德人也常称鳗鱼为大鳝、风鳝或乌耳鳝，之所以称它为"白鳝""乌耳鳝"，是因为鳗鱼肚子是白色的，还有两只乌黑的小耳朵。"风鳝"这个名字的来历则和鳗鱼的捕捉方式有一定关系，有点像大闸蟹名字的由来。据《广东新语》说，鳗鱼平时"善钻深穴"，当刮起北风的时候"穴热乃出"，所以被称为"风鳝"。

　　大鳝肉质细嫩，滋味鲜美，最大的妙处是只有一条脊骨，吃的时候没有"骨鲠在喉"之虞。以前顺德人吃大鳝以焖为主，搭配一些烤猪腹肉、蒜、辣椒等做出的大鳝香浓软滑、肥嫩细腻。而顶骨大鳝这道菜最初是由大良宜春园酒家在20世纪20年代创制的，也称"退骨大鳝"。现在，在有"中国美食之乡"之称的顺德仍有许多饭店制作这道美食。

顺德人做这道菜时是先把大鳝切段，下滚水煮熟，用手把脊骨顶出，用火腿条代替鱼骨——顶骨大鳝中的"顶骨"就是这样来的，然后用烤猪腹肉、大蒜、辣椒扣焖，最后加上已经煨过的柚子皮，用汤汁勾芡就可以出锅了。

关于这道顶骨大鳝，当地还有一个有趣的小故事。在早年的顺德，如果小孩子不听话，长辈就会用藤条责打孩子，以示教训。藤条会在孩子身上留下一条条红印子，顺德人戏称这是"藤条炆大鳝"。顶骨大鳝的原创者梁三梁师傅就是一位地道的顺德人，小时候因为比较调皮，经常惹怒他的父亲，所以父亲经常给他吃"藤条炆大鳝"。

一次，年少的梁师傅与父亲看到一家酒家要劏（宰杀）大龙。大龙在顺德指的是有"鳝王"之称的华锦鳝，这种鳝王非常稀少，价格不菲，其中又以"龙头"即鳝头最为昂贵。回家后梁师傅便立志要做一次买"龙头"的人。此后，梁师傅就跟鳝结下了不解之缘，做了一名主厨，不久也如愿以偿做了一次"买龙头"的人，并且在当时顺德大良最出名的酒家宜春园当上了主厨。机缘巧合之下，梁师傅突发灵感，首创了这道脍炙人口的顺德名菜。

在容桂街游玩时，我有幸在新鸿兴黄鳝饭店里品尝了一次这道当地的美味。我们进店的时间临近中午，点好菜之后跟店家随意聊了两句，后来食客渐渐多了起来，我们也不缠着店家说话了，只满怀期待地等着这道大菜。不多时，鼎鼎有名的顶骨大鳝就被端上桌了，只见煨熟的大鳝段金黄诱人，炸蒜子如金豆子般点缀其间。夹起一块大鳝段放进口中，香浓软滑，纯肉无骨，其中掺入了炸蒜的香气以及火腿的咸鲜，简直可以说是完美。

顶骨大鳝这道菜由于大鳝肉本身比较爽口，所以吃起来非常美味。大鳝下面还垫了一层柚子皮，柚子皮吸收了不少鳝汁和芡汁，味道吃起来并不亚于大鳝肉本身，两者可谓非常搭配。一盘子大鳝肉吃完时我心想，来一碟浸过鳝汁的柚子皮也是人生一大享受。

有人说一个地方一种味道。我深以为然。天津的狗不理包子、老北京的炸酱面和糖葫芦、湖南的米粉、湖北的周黑鸭、云南的过桥米线……顺德容桂街留给我的便是这道顶骨大鳝的味道。

十三姨

| 地址 | 容桂街道百昌后街 58 号 |
| 电话 | 0757-28811118 |

鱼的百变滋味

顺德拆鱼羹

　　说起爱吃的肉类，鱼肉是我必须提的，无论是蒸的、煮的、烤的、炸的……都算得上是我的心头好。而顺德恰好是一个水网纵横、处处有鱼塘的地方，它盛产塘鱼和河鲜。也正是这个原因，顺德人吃鱼的花样极多，简直出神入化，因此，我在顺德几乎将各种做法的鱼吃了个遍，很过瘾。

　　据史料记载，顺德、南海一带地势低洼，农民因地制宜，将低洼处挖深为塘，挖出的泥土堆在塘的四周形成基，到清朝中期时，就已经形成了以顺德的龙山、龙江以及南海的九江等乡为中心的桑蚕区和桑基鱼塘区。可以说，顺德、南海一带就是桑基鱼塘的发源地。

　　如今，桑基鱼塘已经渐渐退出历史舞台。然而，桑基鱼塘给顺德人带来了丰富的鱼资源，不仅满足了他们的口腹之欲，还促成了食鱼文化的形成。往往一条普普通通的鱼，到了顺德人的手里，就能变出各种花样。

　　作为忠实的鱼肉爱好者，每到一个地方我必然要吃当地的鱼肉，而容桂街道百昌后街的十三姨饭店所做的拆鱼羹在我的心里留下了浓墨重彩的一笔。进店的时候已经是晚上8点了，店里的喧嚣渐渐散了。一落座便有服务生捧着茶水菜单走了过来，在他的推荐下，我们点了拆鱼羹。

等菜的时候，朋友向我介绍了这道被挂上牌子重点推荐的菜。拆鱼羹作为顺德"一鱼八味"的头菜，是当地历史悠久的传统家常汤品。它的主料是鱼肉，将鱼煎香之后拆出鱼骨做成鱼蓉，然后把鱼骨熬汤，加入鱼蓉、胜瓜丝、腐皮丝等配料，最后勾上薄芡。这道菜也有"顺德七彩拆鱼羹"的美名，是顺德菜粗料精作的充分体现。

据说这种鱼羹的制作是从鲍翅羹中得到的启迪，因为鲍翅昂贵稀少，所以一帮吃惯了蒸、煎、炸、焗的食客，就想着做个鱼羹来解解馋。他们把鲩鱼在水中煮熟后将鱼肉拆了出来，配上炒香的花生、油炸过的粉丝，还有腐竹、葱花，便做成了这道拆鱼羹。

要想把拆鱼羹做得正宗味美，把鱼肉处理好是最重要的一步，这一点有点像江南的刀工名菜"文思豆腐羹"，都需要把汤中的主角切得细如发丝。

点菜的时候以为会让我们挑一条鲩鱼现做，点完才知道，这里的师傅是已经事先把鱼起片煎熟了。等到客人点餐之后才将鱼片切成细丝，再配上胜瓜丝、姜丝和腐皮丝等，这些都是要现切的，否则就会影响口感。听了服务生的介绍之后，我问：这样切岂不是很费功夫？服务生腼腆一笑，告诉我，他们这里刀工好的师傅在十分钟之内就能将原料配料按要求切好并做熟上桌。

除了对刀工的要求高，汤汁也是拆鱼羹这道菜成功的关键。听朋友介绍，这鱼应该是一种瘦身鱼，本身没有半点污秽在体内，所以汤味极其鲜甜。

"这是你们的拆鱼羹，请慢用。"正说话间，服务生端着做好的鱼羹走了过来，那做好的拆鱼羹散发着诱人的香味。我笑着道了声谢之后便拿起勺子舀了一口，只觉得口感鲜美，味道丰富，层次分明，果真不负我的期望。一边听着朋友介绍，一边缓缓地喝着拆鱼羹，实实在在地感受着顺德美食的风采，并且由衷地为它折服。

顺德本味

地址　容桂街道卫红社区
　　　工业路 23 号柴油机
　　　1959 旁

电话　0757-22907922

酿节瓜

中西合璧的天然美味

　　大良是个古老与现代融合、中西合璧的地方，这里的美食自然也是博采众长的，除了浑厚的历史性，它还以兼收并蓄的融合性吸引着八方来客。

　　我来到大良，除了想要寻找传承下来的古老美食，还想尝一尝大良打开胸襟接纳外来文化之后形成的中西合璧式美味。酿节瓜便是我的目标之一。

　　酿节瓜是顺德一道极有水乡特色的传统菜，它清甜味鲜，据说曾得到邓小平同志的喜爱，也因此名声大振。

　　顺德本味在顺德地区颇为有名。进店之后，看着典雅的装修风格，内心不由得舒畅起来。还未落座，满面含笑的服务生便捧着菜单迎了上来，待我们选好座位之后，便一边忙着茶水，一边口齿伶俐地介绍起了店里的菜品。我是为这酿节瓜而来的，自然首先就点了这道菜，又在服务生的推荐下添了两道别的菜。

　　节瓜最早是在桂洲镇福案沙种植，距今已有300多年的栽培史了。民国时期，大良本地已经有两种节瓜品种了，一种较长，一种较短，人们日常更偏爱短的节瓜，因为长的不如短的皮薄滑嫩。后来，人们又培育出了江心和七

星仔等一系列节瓜品种，而其中的黑毛节瓜则是做酿节瓜的上品。

朋友跟我讲，大良人在做酿节瓜的时候选的都是初出的黑毛节瓜，以还带着一朵刚谢的花的成瓜为选用标准。说到此处，我便问起了酿节瓜的做法。都说这道菜是中西合璧，我十分好奇。

于是趁着没上菜的这会儿工夫，我们请教了店里得空的厨师。据他所言，在做酿节瓜的时候要刮去节瓜的皮，但是不能刮得太深，要留着"皮青"。挖去瓜瓤再切成段，酿入半肥半瘦的猪肉蓉，里面还会根据时令掺些鱿鱼、冬菇、金针菇、腰豆之类的东西。做好这些以后，还要用滚油泡一泡，滤掉油分后放进加了姜丝、冬菇丝的汤里，用文火煲至筷子可以插入，再把湿淀粉勾入汤汁淋到节瓜面上，淋之前最好在节瓜上用筷子插些小孔，这样汤汁浇在上面之后，味道才能渗入里面，使节瓜内外都有味道。

说话的工夫菜都上齐了。这里的菜确实如朋友推荐的那样，都是极具本地风味的，也都十分新鲜，吃起来味道很不错。特别是我期待已久的这道酿节瓜，做得很地道，长条形的盘子上满满地码放着节瓜段，节瓜上放满了菌类、肉蓉之类的配菜，香味四溢。传统的节瓜，配上各种鲜味十足的调料，可以说是很丰富的中西合璧的美味菜肴。

　　介绍菜品的时候，服务生特意告诉我这个外乡人，这个菜要先吃节瓜，再吃里面的配菜，这样才能吃出更多的鲜味。我按照他的建议，先尝了一块节瓜。那厚厚的节瓜汁多馅儿嫩，铺在上面的腰豆使节瓜多了些淀粉类食物的浓郁，吃起来非常美味。节瓜上的菌类都是原色，又配着节瓜，所以我误以为它没有什么特别的味道，结果尝了一口才发现并非如此。这些菌类很鲜，再细细品尝，鲜味里还渗透着一股微甜的节瓜滋味，甚是好吃。

　　现在的人都非常重视养生，因着天然无公害的特点，再加上极其美味的口感，黑毛节瓜自然十分受人欢迎。除了这道酿节瓜，顺德还有著名的节瓜宴，上有二十多道节瓜菜。这些菜品不仅吃起来非常美味，菜形也都十分漂亮。知道这个以后，我的心便蠢蠢欲动了起来，心里想着，终有一日，我定要吃遍所有的节瓜美味。

　　也许，怀着一颗虔诚之心来品尝美食的味道，更能体会出凝结在美食中的良苦用心和辛勤汗水。伴着节瓜的甜香，想着它制作工序背后的灵巧心思，这顿饭我吃得甚是酣畅。

顺德猪腰世家
（容桂店）

| 地址 | 容桂街道文星路15号首层之一 |
| 电话 | 0757-26380095 |

姜汁浸猪腰

小火慢滚出的滋补品

　　顺德美食最讲究的就是"补"，但是季节不同，进补的方式也不一样。俗话说："春天温补，夏季清补，秋季润补。"秋分一过，就进入了秋冬进补的时节。秋季气温变化不定，冷暖交替，在这样的季节，要多食用清润的食物，动物性食物无疑是补品中的"良方"，不仅有较高的营养，而且美味可口。猪腰也就是猪肾，营养价值非常高，有滋阴补肾的作用，是这个季节最适合的进补食材。一碗姜汁浸猪腰，便是顺德人在秋冬季节保养身体的最佳美食。

　　天气还未冷透，但已添了几分凉意，我一大早就裹着外套来到了容桂街道文星路上的猪腰世家。这个时候，来上一碗姜汁浸猪腰，暖暖地喝下去，一身的寒气尽去，一整天都是舒舒服服的。这家店在顺德地区也算小有名气，因此每天都有很多慕名而来的食客来这里品尝姜汁浸猪腰。

　　不了解广东文化的人在听到"姜汁浸猪腰"的时候，可能会认为这道菜的做法就是把猪腰浸泡在姜汁之中，事实上并非如此。在广东饮食文化之中，"浸"是指在汤或者清水滚烫之后，用中小火将其维持在微微沸腾的状态，然后下入主料滚到刚熟，这样会使食物有鲜嫩柔滑的感觉。

做姜汁浸猪腰，要先将生姜去皮榨成汁，然后将猪腰剖开，剔除白筋膜，用生粉洗干净，切成薄片状，再用生油和生粉腌制一会儿，同时将姜汁、清水和一些酒放在锅中煮沸，之后下入猪腰，大约十分钟之后就可以将猪腰盛出来了。时间久了，猪腰就会变老，吃起来也就不鲜嫩了。

姜汁浸猪腰一上桌，我便迫不及待地拿起了筷子。猪腰没有一点异味，表面嫩滑，内里爽脆，滋补而不腻。吃一口猪腰，再喝一口汤，一早上赶路的寒气瞬间就散了，心里暖融融的，吃了大半碗后，额头上都冒出了密密的汗珠。

"做得这么好吃，你们是不是有什么独门秘籍呀？"见老板娘得了空，我便开了句玩笑。老板娘爽朗一笑，告诉我，其实做法都一样，只不过做的时候要多费些心思，火候和时间把握好了，味道自然就出来了。此外，要想做出美味的姜汁浸猪腰，在猪腰的选用上也要多下些功夫。返璞归真才是美食的最高境界，所以要注重食材的品质。

听老板娘说，天气越来越凉，店里的生意会更红火，尤其是最冷的时候，过来吃一碗热乎的姜汁浸猪腰，再暖融融地离开，已经成了很多顺德人的习惯。

秋冬季节，能够吃上一碗醇厚滋补的姜汁浸猪腰，可以说是这个时节最惬意最幸福的事情了。

伦教街
侧耳倾听，美食在耳畔低语 >>>>>

伦教，原名海心沙，在我的心里就像一位身姿窈窕、含情脉脉的女子。微风拂面，站在它的街头，最不能错过的就是那些精致的美味了。

伦教根哥私房菜鲍鱼鸡

地址	伦教街道荔村丁字路直入 500 米河边（周生生综合大楼后面）
电话	13923283068

焖大鱼

返璞归真最天然

　　顺德地处珠江三角洲地区，如果我们打开地图，便会发现该地区河网密集，是一个天然渔场，故而在"吃界"鼎鼎有名的顺德人的餐桌上，鱼肉自然也是极其常见的。而关于鱼，在顺德还有一种返璞归真的吃法，那就是焖大鱼。

　　要吃焖大鱼，最好的去处当数伦教根哥私房菜鲍鱼鸡店。不过，去他家吃饭一定要打电话预订，否则会没有座位。知道我爱吃鱼，朋友一开始便决定陪我到这家来吃一吃焖大鱼，结果因为没有预订白跑了一趟，后来因为美食的诱惑，实在不甘心，便老老实实地预订了一次。

　　焖大鱼用的是在顺德很常见的大头鱼（鳙鱼）。顺德人热衷于研究鱼的新煮法，在他们的妙手之下，一条鱼也能变出很多的花样来，比如这道焖大鱼。在鱼的选用上，要看活鱼是否生猛，而且选好之后要现宰现蒸。在他们看来，要蒸好这一尾鱼，首先要靠火候。这一点需要根据经验去拿捏，太生则腥，太熟则失去鱼的鲜味，不论是太生还是太熟都会使鱼肉的口感尽失。而且鱼不同，特性便不同，蒸的时间也各不相同，以眼突鳍翘、肉刚离骨为最佳状态。其次是不能忽视调味。蒸鱼的最高境界是只用油盐便能让鱼不带腥味。顺德人做鱼的技艺如此高超，难怪会有人说"离开顺德就不吃鱼了"。

焖大鱼上桌之后，服务生特意为我们讲解了这道菜的制作方法。说起来倒是十分简单的。首先需要做的是把一条刚从鱼塘里捕捞上来的活大头鱼宰好，然后用盐把鱼腌一下，等到入味之后，再用姜、葱、蒜将锅爆香，把鱼放下去两面煎一下。这个过程需要持续大概十分钟，结束之后再往锅里加水开文火来焖，等焖到差不多的时候，加上糖、酒、葱段等调味作料，接着焖一会儿，美味而又简单质朴的焖大鱼就算做成了。

这道焖大鱼看起来简单、毫无特色，但事实上，也正是因为使用了这样简单朴实的做法，才做出了鱼肉的香滑鲜美。这样看来，无论做鱼的工序多么简单，只要选对了方法用心去做，就能做出来一道美味。

鱼肉一定是个好东西，不然的话，顺德人吃鱼的习惯为什么会传承千年？直到如今，他们还在变着花样地吃鱼。

服务生将焖鱼头端上来的时候我还有些不解：我们明明只点了一份焖大鱼呀，这鱼头哪里来的？服务生告诉我，食肉不如食鱼，食鱼贵食鱼头，他家在做焖鱼时会把鱼头和姜片放在一起煎成金黄色，加入调料、烧肉，和上汤一起焖在锅里，然后为客人端上来。焖鱼头一般都是边焖边吃，这种哪边熟了就先吃哪边的方法可以最大限度地让人吃到最鲜美的鱼。等到锅里的鱼头吃得差不多了，可以加入萝卜、马蹄、青菜等材料。香浓的上汤吸收了满满的鲜味，连带着萝卜、青菜也变得格外鲜美了，喝上一口汤，瞬时就酣畅淋漓了。

吃一份焖大鱼，连带着焖好的鱼头，一边下饭，一边伴两口小酒，不是什么盛大的宴会，也没有花里胡哨的大餐，就这样一份质朴无华的焖大鱼，便让人吃得心满意足。

端午龙舟宴

地址　伦教广场

电话　无

龙舟宴

细品「顺德精神」

在伦教，意外赶上了一场龙舟宴。原来每年端午前后，顺德各地都会组织龙舟活动，一般情况下龙舟赛到哪里，宴就摆在哪里。在车上的时候，朋友刚说我们来的时间不巧，没赶上伦教广场的美食节，不过片刻便得到了今天有龙舟宴的消息，于是我们便赶了过去。

龙舟宴以前叫龙船饭，是珠江三角洲地区端午节的民俗盛事之一，据考证，在屈原投汨罗江之前就已经存在了。

据说农历的五月五日这一天阳气达到顶峰，正是"毒气"最盛的时候，所以要祛除邪气保平安。在顺德一些地方志中，还记载着当地人每逢端午会用角黍、龙耳等物祭祀祖先，用朱砂涂抹小孩子额头，饮蒲酒，写朱符，挂蒜头与凤尾草等。除了这些，划龙舟也是流传已久的一项驱邪活动，取的是祛除邪祟、保佑平安、五谷丰登之意。而吃龙船饭就是从划龙舟衍生出来的一项美食活动，有"吃过龙舟饭，饮了龙舟酒，全年身体健康无忧愁"的说法。

　　当然，龙船饭产生的更为现实的原因是给参加龙船赛的"扒仔"（划手）提供比较丰富的营养，使他们能够体力充沛地去参加比赛。在整席的龙舟宴中，有一道"蒜头蒸辣椒"就是特意为"扒仔"准备的，它可以祛除"扒仔"身上的湿气。

　　亲身经历之后我才发现，吃龙船饭的确是一场声势浩大的盛事。以前看过清代文学家屈大均在《广东新语》中描写的顺德龙江乡龙舟赛的场面，我记得里面有主办者给获胜者"与状元标，张伎乐，簪花挂红"的场面描写，也有关于龙船获胜回来后"广召亲朋宴饮"的叙述。虽然写得生动形象，让人如临其境，但远远没有亲眼所见时的那份震撼。如今，吃龙舟宴已是顺德当地端午节一场固定的大型活动，其民众参与度之高令人叹为观止。

　　以前，每当赛龙舟时，人们都会讨一碗龙船饭回家分着吃，龙舟赛后亲朋乡里之间也会组织聚餐。传统的龙船饭食材一般有沙葛、豆角、猪肉、鸡肉、粟米、冬菇等，里面皆含着好的寓意。改革开放后，随着经济发展，顺德人渐渐地开始举办像现在这样大型的龙舟宴，其中的食材也越来越丰富了。

　　像我有幸吃到的这次龙舟宴，菜品就十分丰富，有鸿运烧肉、胜瓜拆鱼羹、白焯罗氏虾、豉汁蒸生鱼、金榜招牌鸡、鲍汁白灵菇、红烧乳鸽、节瓜粉丝虾米煲、梅子鹅、郊外油菜、生肉包等，大都是如今在顺德地区乃至全国都鼎鼎有名的硬菜。

　　龙舟宴上让我印象最为深刻的是一道足料的三层大盆菜，码在最上面的一层是凤城四杯鸡、大明虾、甘香豉酒鹅，第二层是香芋扣肉、秘制鲮鱼丸、乐从鱼腐、沙姜猪肚、猪手等，第三层是一些能够吸收菜汁的蔬菜。在吃龙舟宴的同时，还有顺德地区有名的大厨出场，展示顶尖厨艺功夫。

　　事实上，这种极富地方特色的大型宴会游客一般是很难碰到的，我绝对是个幸运儿，不仅出人意料地得到了这次机会，也收获了超出

预期的感触。所谓"闻香识顺德，千人龙舟宴"，如果碰不到这样的机会，却想要品尝龙舟宴上的美味，也可以去顺德饭馆里尝尝其中有名的代表菜。龙舟宴上的菜品现在基本上在各大酒楼饭馆里都能吃到。

欢姐伦教糕（伦教总店）

地址	伦教街道北海大道北50号
电话	0757-27755454

伦教糕

隐没于市井的传奇

伦教糕起源于广东省顺德区的伦教镇，历经千百年岁月的沉淀，已经成为岭南地区的一种传统糕点小吃。伦教糕清新软糯，在炎炎盛夏里，尤受食客追捧。说起来，鲁迅先生与伦教糕之间还有着一段不解之缘。当年，鲁迅时常工作至午夜，养成了吃点心的习惯。1935年4月，他在上海写了《弄堂生意古今谈》，其中就提到了"玫瑰白糖伦教糕"。身为浙江绍兴人，伦教糕这种清爽又原汁原味的传统糕点深得鲁迅先生的喜爱。

伦教糕以其通体洁白晶莹而著称。据说，真正优质的伦教糕光洁如玉；糕体上横竖分布着如同小水泡一般的孔眼，均匀有序；质地清爽而软糯，富有弹性，哪怕折叠也不会留下折痕；味道更是别有一番风味，十分清爽、甘甜。据说，原本只有伦教镇上的一家小店铺出售伦教糕，用的是当地特有的甘洌的山泉水。后来，这口泉淤塞了，最原汁原味的伦教糕也就很难复制了。因为伦教糕口味清爽，尤其符合岭南人的口味，于是人们摸索出了用鸡蛋白澄清去浊的法子，这样一来，就可以用一般的水来制作伦教糕了。后来，伦教糕流传到

了广东省外，甚至一度传到了东南亚。可以说，制作伦教糕的关键之一是水质。此外，米质也很重要。制作伦教糕，必须选用上乘的西谷米，米质优而胶质大小适宜，才能保证糕点口感的爽滑细腻。

在顺德吃伦教糕，首选就是伦教街，而在伦教街吃伦教糕，首选就是欢姐伦教糕，在这里，你能吃到最正宗的岭南第一糕。欢姐伦教糕是一家名副其实的老店，历经四代，传承了近百年，时至今日，名气日盛。我原本以为，这只是一家家庭式的小作坊，跟着友人来到店铺门口时，着实吃了一惊。除了我们一行人，店门口还停了两辆大巴，俨然当地的一个旅游景点。

店堂布置得古朴而有情调，深色调的桌椅旁摆放着大水缸，里面种着绿意盎然的荷花，一瞬间就将夏日的炎热挡在了门外。进店的客人们坐下来，不一会儿，每一张桌上都摆上了一碟本店的招牌伦教糕。

友人说，小时候能吃上一块伦教糕是很幸福的事情，那时候的伦教糕微微的甜里透着一点点酸味，这是童年特有的味道。现在，专门卖伦教糕的地方已经不多了，而欢姐伦教糕是其中之一，又是难得的正宗风味。这里的伦教糕并没有那种微微发酸的味道，而是醇正的甜味，据说，这才是最正宗的伦教糕的味道。制作伦教糕时，对时间的把控尤为重要，把控得不好就会让伦教糕产生那种若有若无的酸味。

除了伦教糕，我们还依次品尝了店里的其他几种高人气的糕点。其中金灿灿的贵妃糕也颇受食客们青睐，这种糕点糕体松软，堪比松糕，但是口感比松糕更滑、更软，奶味儿也更浓。牛奶红豆糕也不逊于伦教糕，每一颗红豆都软糯甘甜，入口即化。而红枣糕则是清淡的甜味儿，还含有一丝丝红枣的香味。姜汁糕又是另一番风味，老远就能闻到姜汁浓烈的味道，吃起来却没有姜汁的辛辣味。

伦教糕的美好不仅在于它清甜诱人的口感，更在于这传承百年的美味背后那份精雕细琢的匠人精神。我们在享受这美味的同时，更应该感谢的是那些用劳动与智慧来成就美味的前辈。

大景小菜

地址　伦教街道裕成中路
电话　0757-27883228

状元鹅
酸酸甜甜话梅味

顺德美食众多，其中不得不说的一个就是"状元鹅"。

那么，状元鹅到底是什么呢？状元鹅又名酸梅鹅、梅子甑鹅。古人饮食中的酸味多源自梅子，而状元鹅又特地选用了以盐和梅调味制成的汤羹做调料，而且保留了古老的制法，所以吃起来酸酸甜甜，非常爽口。

据当地朋友介绍，状元鹅多取材于农户们散养的"走地鹅"，因为这种鹅吃得杂，生长周期相对较长，所以肉质结实，皮厚脯小，营养丰富，做成的鹅肉自然比圈养的鹅肉味更醇正、鲜美。

既然有这种美味，我这个"吃货"又怎会不去一试？在朋友的极力推荐之下，我选择了伦教街道裕成中路的"大景小菜"。当时去得有些晚了，已经过了午饭的点，店里的人见我对状元鹅这般感兴趣，便趁着空隙跟我聊了起来。

状元鹅在烹制时采用的是古法——"甑"，通过加热的方式让各种调味料和鹅肉形成可口的复合味以及浓郁的混合香。故而，在食客们面前的状元鹅都是盛在滚烫的砂锅里的，散发出浓浓的香气。一块鹅肉入口，肉香中透着淡淡的豉油味，味道鲜美，让人不由得食指大动。

作为"吃货"，因着内心对美食的"虔诚"，我习惯去追溯一番它的由来和历史。清代顺德人罗天尺所著的《五山志林》中记载着状元鹅的"来龙去脉"。相传，在明朝后期，顺德的甘竹滩地区有一位非常穷的秀才，名字叫黄仕俊。黄仕俊因为家世不好受尽了世人的白眼。成年后，机缘巧合之下，黄仕俊娶了同县的富户之女李氏为妻。李家人非常看不起穷秀才黄仕俊，说起黄仕俊这个姑爷时都是暗恨着翻白眼的。虽然黄仕俊娶了他们家的闺女，可是在他们眼里，嫁出去的女儿就是泼出去的水，他们并不想因为女儿的关系去提携黄仕俊。这一年，乡试在即，黄仕俊穷得实在没了主意，便想向岳父借点盘缠好去赴考。不巧，那天正值李家宴请宾客，岳父见自己的女婿衣着寒酸地来了，怕被满堂宾客笑话，就让自家门仆把黄仕俊带到靠近后门的小廊上，应付着塞了两枚鸭蛋便将黄仕俊打发走了。

黄仕俊在回家的路上遇见了李家的另一位仆人广积，广积看见黄仕俊又是羞愤又是为难的样子就问他缘故。黄仕俊如实回答，广积听后心里甚是不平。他向来看好黄仕俊的才学，便不假思索把黄仕俊请到自己家中，不仅让妻子做饭招待，还变卖了自己仅有的一头猪给黄仕俊筹措前去应试的盘缠。

黄仕俊果然大才，一番苦读之后在万历三十五年（1607年）的殿试中高中状元。等到衣锦还乡之时，黄仕俊顾念旧恩，特地买了一块沙田，赠给广积。而为了祝贺黄仕俊金榜题名，广积也特意宰了自家养了多时的一只鹅，做成酸甜的梅子鹅，又加入许多平日里攒起来舍不得吃的猪耳和鹌鹑蛋，做熟后献给黄仕俊佐酒：以鹅头贺他独占鳌头之喜；鹅掌、鹅翼寓意黄仕俊日后仕途顺当，能够平步青云、一飞冲天；以猪耳代替牛耳，寄寓黄仕俊早日当上文坛盟主之意；以鹌鹑蛋祝贺黄仕俊十年苦读终得状元及第。这道烹得味美无比的鹅被人们应景地称为状元鹅，许多人家甚至特意找广积问了做法，做给自己的孩子吃，让孩子沾沾黄仕俊的才气与喜气，日后也能考个状元回来。大名鼎鼎的"状元鹅"就这样产生并且流传了下来。

很多人都可能有过这样的经历：每逢大型考试，会特地去某些地方走一走、拜一拜，这并非迷信，而是图个心理安慰，祈求好运。既然走过状元桥、摸过状元树，不如在路过顺德的时候去尝一尝状元鹅，品一品它的美味，顺便也沾点儿黄仕俊当年高中状元的喜气。或者不求高中状元，只为品一品它那酸酸甜甜的梅子味，让嘴巴过个瘾。吃舒服了再来一杯茶，茶香与鹅香氤氲在一起，定然美味得不得了。

寻味顺德

肥妹饭堂·一蛇三食

地址　伦教街道北头街伦教
　　　三洲飞星游乐场附近
电话　13724652199

老宅靓汤

古巷里的汤水文化

　　广东人爱喝靓汤，因着这个缘由，在那里甚至流传着这样一句话："我们从来都不是喝酒不醉不归，简直就是饮汤不够不归。"由此可见汤对广东人的重要性。如果你在广东生活过，你就会发现广东人真的很喜欢喝汤水，基本上家家户户每顿饭都有汤，再忙也要煮个生滚汤。这也应了一句话："湖南人没辣会死，四川人没辣会死，重庆人没辣会死，陕西人没面会死，广东人没汤会死。"

　　在广东，顺德人更是吃得讲究，喝也讲究。我在肥妹饭堂·一蛇三食喝汤的时候就有幸从老板娘那里得到一些他们喝汤的"秘诀"。

　　对于做汤，素来追求尽善尽美、细致精巧的顺德人自然不会马虎。在顺德人的菜谱里，汤首先是要分种类的。一般来说，他们常喝的有滚汤、煲汤、炖汤、煨汤、清汤等。既然汤有种类，那盛汤的器皿自然也不会单一。据我了解，传统的当地人大多会选择质地细腻的砂锅来煲汤，追求新潮的人则用瓦罐、铁锅。热情的老板娘告诉我，他们做汤讲究个"三煲四炖"，也就是说，煲汤一般需要3小时，而炖汤则需要4~6小时。

因为广东的气候高温湿热，所以当地人做汤时除追求口腹之欲，还有一个目的，那就是调养身体。在顺德，喝汤时要考虑自己的体质，不然岂不是浪费了这么用心良苦的汤品？一般来说，身体火气旺盛的人要选择性甘凉的汤料，比如绿豆、薏米、海带、冬瓜、莲子等食材，或剑花、鸡骨草等清火、滋润类的中草药；身体寒气重的人应选择一些性热的汤料，如参等。除了体质，还有一些别的讲究。诸如冬虫夏草、参之类的草药，在夏季是不宜入汤的；用来炖的食材一定不能用来煲，否则不仅味道不美，还会损伤所选食材本有的价值……

顺德人煲汤和北方人煲汤有不同之处。其中一点是，大多数北方人煲汤时要加调料，如葱、姜、蒜、花椒、大料、鸡精、味精、料酒等。而顺德人认为，这些调料大可不必加进汤里，因为喝汤讲究的是原汁原味，只要时间够，汤的鲜美味道自然会煲出来。

锅碗瓢盆、柴米油盐，顺德以食物为遗传密码，让自己区别于世界上任何一个地方。无论世事如何变迁，不变的家乡味道总能被顺德人记忆和传递，联结着永恒的乡土之源，直到十年后、百年后、千年后……

勒流街
厨出凤城，师出勒流 >>>>>

　　"厨出凤城，师出勒流"，带着这样一副光环，勒流美食自然值得期待了。五柳鱼、水蛇片、顺德小炒……不知道最终能够扣动你心弦的会是哪一道？

东海海鲜酒家

地址	勒流街道西丫路交叉口西行 150 米路北（近西安亭大桥）
电话	0757-25565738

水蛇羹

匠心独运蛇美味

　　之前就听人说广东人吃得杂，天上飞的，地上跑的，水里游的，只要他们想得到，便能做出一番美味端上桌。等到了顺德，发现此言果然不虚。别的姑且不说，只一样蛇就能被他们做出很多种菜式，像油泡蛇丸、蛇羹、炒蛇片、凉拌蛇皮、五彩蛇丝、红蒸水蛇片、煎蛇腩、煲蛇骨等。可以说，顺德厨师将蛇这种食材用到了极致。

　　在众多的蛇菜中，蛇羹算得上一道非常受人欢迎的汤羹类菜品。只不过在早年，蛇羹还是一种价格比较昂贵的菜品，料多汁浓，虽然好吃，却也不是人人都吃得起的。后来，水蛇羹这道比较清甜、由蛇羹演变而来的大众化汤品出现了。水蛇羹在汤里搭配了鸡肉丝、冬菇丝，炖煮几个小时，水蛇里的营养成分都融入汤中，就可以上桌了。水蛇不仅价格低廉，还有清血抗毒的功效。所以，水蛇羹一出现便迅速"蹿红"，一度成为人们餐桌上必点的汤品。

在勒流，东海海鲜酒家的蛇羹做得非常美味地道，店里的食客十有八九都是慕名而来的。这家店已经开了20多年，老板谭永强是厨师出身，曾获央视"满汉全席"第一名，是顺德地区美食协会的荣誉会长，也是得到当地人公认的"顺德十大名厨"之一。

我千里而来，一进店便点了鼎鼎有名的菊花水蛇羹，打算一品它的"风采"。他家的水蛇羹以菊花入汤，香气芳郁，倒是成就了一番特色。就连澳门特区前行政长官何厚铧先生，也曾多次到顺德来吃这家的菊花水蛇羹，可见它的滋味有多诱人。

煲好的水蛇羹汤味醇厚，令许多人难以忘怀。甚至有人开玩笑，说不如做一个卖水蛇羹的，每人每天来一碗就够发家致富了。玩笑终归是玩笑，水蛇羹虽然美味，却不好做。听店里的服务生讲，曾有其他饭店的老板多次带着自己店里的大厨过来品尝，回去后却无论如何也做不出正宗的味道。

东海海鲜酒家的厨师做水蛇羹时极其讲究。他们先切去蛇头，放清蛇血，剥掉蛇皮后（蛇肉不沾一滴水），再把整条蛇烫熟，拆掉肉待用。蛇皮、蛇骨和蛇肉分别用草绳包扎起来，将它们放到羹里的顺序和时间都有具体的要求。为了使羹味更鲜，厨师还会在里面添加猪脷，也就是猪舌。蛇骨经过二次加工后，可以完全融入汤里。做好的汤滋味浓郁鲜香到让人忍不住咽口水，稍微凉凉，汤面就会凝结，变成类似于双皮奶的样子。

我一边跟人了解这水蛇羹的相关信息，一边默默地关注传菜生的动向，只盼着下一个就是我这桌的。好在不多时，就看见服务员将水蛇羹端了上来，一掀盖子，一股香气扑鼻而来，还伴随着一股淡淡的菊花香气，光闻着便让人垂涎欲滴了。我看了一眼，觉得奇怪，因为汤面竟如此清明，又用勺子轻轻搅了两下，勺底感觉厚重，想来用料应该是很丰富的。

我将水蛇羹盛进小碗，迫不及待地尝了一口，顿觉鲜美无比。蛇肉丝半浮在汤羹中，入口无比爽滑美味，其中的鸡丝也吸足了汤中的鲜味，分外适口。一

小碗羹几下便被我喝了个底朝天。一连喝了三碗，竟生生地逼出了满身汗意，那般舒爽是没尝过这道水蛇羹的人完全无法想象的。而这，大概也正是勒流水蛇羹的魅力所在吧！

年丰楼

| 地址 | 勒流街道黄连深桂里7号 |
| 电话 | 0757-28666388 |

五柳鱼

呈鱼本色，脍炙人口

　　有幸来到勒流，在年丰楼里吃到了慕名已久的五柳鱼。正值中午，前来吃饭的人不少，老板却一点也不急躁，对每一位客人都十分细心周到。等到鱼肉上桌，光闻味道就勾起了我肚子里的馋虫，再拿起筷子一试，鲜而不腥，香嫩可口，果然美味。

　　五柳鱼据说和"诗圣"杜甫有些渊源。传说在"安史之乱"爆发后，杜甫为了避乱住进了浣花溪畔的草堂中，在这个隐世避乱的草堂里，杜甫用手中的笔书写着百姓的生活疾苦和自己的壮志难酬。草堂里的生活异常艰辛，心系天下苍生的杜甫经常以素菜草果果腹，因为这个他还得了一个"菜肚老人"的戏称。

　　有一天，杜甫邀请了几个朋友一同在草堂吟诗作赋，哀叹民生，怅然间就到了中午。大才子杜甫看着空空如也的草堂发起了愁，要吃午饭，可他实在找不到食物招待客人。正在这时，他的家人从浣花溪里钓到了一条鱼，杜甫喜出望外，心里寻思着：不如就请大家吃鱼吧。朋友们见杜甫要亲自下厨做鱼，个个惊奇万分，带着怀疑的眼光说道："这可是新鲜事呀，子美不仅会作诗，居然还会烹鱼？"杜甫听后笑了笑："你们且等着吧，今天就给你们尝尝我的独家秘制。"说着，杜甫手脚麻利地把鱼开膛洗好，加上作料之后就放进锅里蒸。蒸熟以后，他又用当地炒熟的甜面酱加入辣椒、葱、姜以及汤汁做成调料汁，趁热浇在了鱼的身上，最后撒上香菜提味。就这样，一道简单却又美味的午饭就做成了。

朋友们一尝，纷纷大赞好吃，问杜甫：这道鱼叫什么名字？用的什么方法？杜甫笑着一一作答。因为这道鱼是杜甫一时兴起做给朋友们果腹的，还没有起名字，朋友们听后就来了兴趣，七嘴八舌地讨论了起来，都说要给这美味的鱼起一个好听的名字。有人说："这道鱼是用浣花溪里的鱼做成的，不如就叫浣花溪鱼吧！"还有人说："这道鱼是子美做的，应该叫老杜鱼才合适。"听了朋友们的意见之后，杜甫想了想："我向来敬佩陶渊明先生。今日不得已避居草堂，偶尔与诸位品诗作赋，闲来还有浣花溪风光做伴，这与先生采菊东篱下的悠然自得竟有了异曲同工之妙。再者这鱼背上有五颜六色的丝纹，就跟柳叶一样，不如就叫它'五柳鱼'吧！"语罢，一同吃饭的友人纷纷称妙。五柳鱼因为酸甜适口，方便易做，便很快流传开来，并流传到了广东地区。

对美食有极大爱好的顺德人将这道菜发扬光大，渐渐地，清淡爽口的五

柳鱼成了顺德地区一道特色名菜。如今，人们都说，到了顺德一定要吃五柳鱼。而五柳鱼之所以这么有名，之所以被人们视作顺德菜品的代表，不仅是因为它的味美，也是因为它背后所蕴含的文化意义。

从孩提时代，我们朗朗上口的诗篇里就不乏诗圣杜甫的名篇，到了懵懂好学之时，我们又在书本里认识了质本高洁、"不为五斗米折腰"的五柳先生陶渊明。多少年来，无数人都为两位先生的才学人品所叹服，他们的诗文都被收进典籍供后世之人学习，而这道蕴含着两位先生志趣的五柳鱼自然也就被赋予了特殊意义。

我喜欢吃鱼，喜欢闭着眼去感受鱼肉的细腻清香如何从舌尖齿颊滑过。一鱼一饭，简单又不失美味的一餐不知不觉就结束了。意犹未尽地看了眼空空如也的盘子，我想，若是有机会，我定要带着五柳鱼去陶渊明采菊东篱的南山下，一边品味一边沉醉，或带着五柳鱼去杜甫草堂，一边感受着历史的气息一边思索，沉醉在陶公崇尚自然的志趣里，思索诗圣在千年之前历史浮沉里的赤子之心……

如此看来，顺德美食，若说脍炙人口，怎能不提五柳鱼？

食材的极致运用

一鱼六吃

所谓一鱼六吃，就是一条鱼有六种吃法，主要包括顺德鱼皮、顺德鱼肠煎蛋、切片鱼肉火锅、煎焗鱼骨腩、鱼肉白粥这五道其他地方难以品尝到的顺德特色菜和一道"大菜"——大鱼加白贝鲜锅。不过，随着时代的发展，不同的饭店可能会根据时令和食材的特点进行不同的组合和搭配。

如果不亲自品尝一下，单单从一些资料，是很难知道其中的美妙滋味的。于是我便拉朋友一起去了趟奥巴顺饭店，打算尝一尝这道"六吃鱼"。

作为勒流名气颇大的一家店，奥巴顺饭店做的吃食应该是值得信赖的。店里的鱼都是新鲜的，从来不隔夜。他家一般会选择凌晨从顺德的水库里打捞出当天所需的鱼，以最大限度地保证鱼的新鲜。

我选了一条大小合适的鱼之后，大厨就开工做鱼了。六道菜品，来自一条鱼，却道道不同。服务员一边端菜，一边做介绍。第一道是鱼骨豆腐汤，也就是用鱼的脊骨和豆腐一起熬制而成的浓汤。这道汤看起来像牛奶一样雪白，里面的豆腐和鱼肉都很嫩滑，再配上碧绿的香菜和小葱，不仅开胃爽口，而且赏心悦目。第二道是菜远炒鱼片，把鱼背上的肉切成薄片，再和广东菜心炒在一起，吃起来清淡可口，堪称一绝。第三道是云耳蒸鱼尾。都说要考验广东餐馆厨师的手艺，不必费什么心思，叫一份蒸鱼尾来尝尝就知道了。这句话自然有它的道理，因为鱼要蒸得好，并不是一件容易事：鱼肉要嫩，但不能生；汤要鲜，但不能加味精。做好的蒸鱼尾配上当地秘制的蒸鱼豉油，简直就是锦上添花。第四道是香煎鱼骨，用的是我们平常认为是废料的大鱼骨，入油煎酥之后就可以上桌了。第五道是鱼肠煎鸡蛋，它既是菜，又可以当作主食。把鱼肠和鸡蛋放在一起，不仅可以去掉鱼肠的腥味，还能提高鸡蛋的鲜味。最后一道是砂锅鱼头，它在"一鱼六吃"中算是最平凡的一道菜了，做起来也简单，把煎好的鱼头放入砂锅烧一遍就成了。

就这样，一顿饭，有汤有菜，味道还都很好，我吃得心满意足。

人们都说，每一位土生土长的顺德人，都是这世间最挑剔的鱼美食家。顺德人吃鱼，讲求的是鲜、原、真。"鲜"非常好理解，就是新鲜。"原"其实就是尽量还原鱼肉本来的味道，煎、炸、焗、炒等手段，能不用就尽量不用，因为"呛味太厉害"。"真"，就是要真材实料，不能用太多味道猛烈的调味品。所以，想吃鱼，来顺德，一定会让你不虚此行。

东海海鲜酒家

地址	勒流街道西丫路交叉口西行150米路北（近西安亭大桥）
电话	0757-25565738

色泽雪白，青翠欲滴

菜远炒水蛇片

　　顺德菜除了具备普通粤菜的特点，还兼有"清、嫩、滑、鲜、爽、真"的特点。不仅如此，顺德的厨师们还善于博采众长，推陈出新。他们做菜讲究色、香、味俱全，可以用一个"精"字来概括：精妙的构思、精湛的技艺、精致的外观、精益求精的质量。吃顺德菜，不仅是味觉享受，也是视觉享受。正所谓"食不厌精，脍不厌细"，顺德勒流美食之所以能风靡珠三角乃至全国，正是因为它不仅秉承了粤菜饮食的精髓，而且不失其本身的地方特色。

　　提到勒流的代表菜，就不得不说菜远炒水蛇片，它是勒流地区"土生土长"的一道传统名菜，与水蛇羹、煎焗鱼嘴、煎焗甘鱼一起被称为勒流"四大名菜"。其中，菜远炒水蛇片又为"四大名菜"之首。菜远即菜心最嫩的部分，从字面上理解，这道菜的做法很简单：将水蛇剥皮去骨之后切片，然后配上菜心等菜料进行生炒即可。

在顺德，菜远炒水蛇片做得最地道好吃、最撑得住场子的当数东海海鲜酒家，这家饭店在当地乃至全国都火得不得了，拿得出手的招牌菜自然不止一种，其中菜远炒水蛇片是一定要吃的一道菜。在他家，如果你没有吃这道菜，等于白来了这家店，也白来了顺德。

进了这家店，我心里的期待可以说是更胜以往。当刚刚做好的菜远炒水蛇片端上桌时，那简直就是一场视觉盛宴：雪白的蛇肉和碧绿青翠的菜远深深地抓住了我的心。见我好奇，服务员还特意去后厨请了厨师来介绍菜的做法。厨师说，这道菜的关键环节是把蛇去骨起肉后切片，它非常考验师傅的刀工与手法。他们通常会选用两斤左右的水蛇做原料，等水蛇片和菜远炒得差不多的时候，加入适量上汤、麻油、葱白段等物，撒上胡椒粉，最后用湿生粉勾芡，加包尾油炒匀上碟，这道菜就算是成了。

做好的菜远炒水蛇片，蛇肉色泽雪白，菜远碧绿青翠，尝一口，味道不仅鲜美，而且清爽适口。那满嘴留香的鲜甜爽脆，让人不得不佩服厨师"粗菜细作"的精妙独到。

吃完之后，我还久久地沉醉在这道菜的美味里，只想说："顺德的美味果然令人惊艳。"

怎么样，听我这样说是不是要流口水了？相信我，来到顺德，来到"中华美食名镇"勒流，吃上一盘菜远炒水蛇片，绝对会让你的口腹有非同一般的美味享受，也定会让你在离开这个地方之后依然对它思念不已。

寻味顺德

阿多私房菜

地址	勒流街道龙眼村南巷3号(近龙眼村车站)
电话	0757-25634070

顺德小炒

镬气十足的家常美味

　　顺德小炒之所以能脱颖而出并成功发展为一个颇有名气的菜品系列，原因除了精益求精，还在于它的创新求变。

　　如果要问顺德小炒的精华是什么，答案必然是两个字——镬气。那么什么是镬气呢？所谓镬气，可以理解为气势、气味、气色、气质的综合，也就是说四者兼备方可以称为镬气十足。而要做到这一点，不仅要把握好原料、调料的香味，还要控制好烹调火候以及传菜速度。成熟的小炒厨师都会强调这一点：做顺德小炒时，必须用铲子快速翻炒，这样一来可以避免养分大量流失，二来能够最大限度地保留菜的本色。不仅如此，在做顺德小炒时还要注意千万不能抛锅，因为菜一旦离开锅，就失去了镬气，四气不全了，味道也就不正了。此外，镬气的产生与选锅也有关系。一般来说，小炒多用生铁锅，火要大，手法要快，这样镬气才足，做成的菜才会有香气扑鼻的效果。

　　午饭的时候，我跟朋友一起去了一家私房菜馆，地点有些偏僻，但好在味道不错，环境也不错，所以吃得很开心。

　　我们点的第一道菜是虫草花炒鱼线。听朋友介绍，顺德美食的精髓在于"创新"，厨师们善于引进新的食材，以求得口味新鲜和补益的效果。比如这道看似简单的小炒，就是根据时令及食材变化加以改造而得，虽然只是简单的几种配料，却给人不一样的感觉。

我们还点了一道什锦炒鱼榄。顺德人在饮食上求真求美，不讲排场，只求新鲜，追求独创。所以连带着这道小炒也有了这样的特点：追求真味，虽材料一般，但制作讲究，朴实而不平淡，奇巧而不做作。

店里的老板说，烹制镬气小炒，有几点是值得注意的。首先是选料，要求食材新鲜纯洁，鲜活为最首要条件，而且因为食材本身鲜美，烹饪中也就极少用浓烈刺激的咸酸辛辣味；其次，火候要掌握得恰到好处，既不能生，也不能过熟，如此才能保证菜品的鲜嫩纯正；最后，可以放一些虾干、鱿鱼干和花甲肉，它们起到锦上添花的作用。

细究顺德小炒，并没有多少玄机可言，若硬是要说其中的"玄机"，也只不过是水乡味浓，妙在家常。但也往往是这"家常"二字难倒了不少大师。试问一句：何为家常？清淡自然、地道本色，即为家常。

其实，说了那么多，我想表达的意思是，烹饪是否有特色，实际上在于能否折射出特定的饮食文化。顺德小炒大多追求真味，注重清淡鲜甜，虽然只是简单的镬气小炒，却能够让人在看似寻常的口味中品评出不凡的功夫，达到于无声处听惊雷的效果。

陈村镇
就地取材，食出真味 >>>>>

历史悠久的小镇陈村，不仅是一个鱼米之乡、花卉之地，还是一个美食之府。多少历史留在了纸上，又有多少变成烟尘消散……我寻觅着，踏遍了陈村的角角落落，也尝到了许多正宗的"老滋味"。

陈村粉

但求粉滑宜君口

我爱吃粉，各种各样的粉，宽的细的圆的扁的……天热的时候凉拌上一碗，天冷的时候来一碗带着热汤的，就这么一下肚，吃得舒爽了，心里都能乐开了花。

说到粉，顺德陈村有一种既美味又金贵的粉，是顺德陈村人黄但创制的，以薄、爽、滑、软为特色。这种粉深得当地人的喜欢，被称为"粉旦（但）"，流传到外地之后被称为"陈村粉"。

到了陈村，我首先要吃的便是黄但记的粉。一边吃着，一边听人讲跟它有关的故事。

相传，一开始的时候，黄但只是一名卖馄饨的小伙计，虽然贫穷，但很勤快，每天天不亮就起床干活，做好馄饨后就挑着担子走街串巷叫卖。当时，因为水路交通发达，陈村成了珠三角地区的大米集散交易基地——"米墟"。黄但平日里去得最多的地方就是米墟，因为时常去那边卖馄饨，他和那一带的老板商客都混得很熟。日积月累，黄但慢慢地看到了商机，借着地势的便利以及积累的人脉关系，他用前些年卖馄饨攒下来的钱开了一家粉店。黄但选用上好的大米、青石打造的石磨和本地的井水，经过十几道复杂工序的加工，制作成一种集薄、韧、滑于一体的米粉，这就是拥有近百年历史"薄如蝉翼、纯白若雪"的陈村粉，而鼎鼎有名的"黄但记"也是在这个时期形成的。

由于陈村粉的制作工序复杂而且追求精细，所以它的产量并不高，正常情况下，一天最多也只能产几百斤的米粉，因此说它"金贵"并不是空穴来风。陈村粉的第二代传人黄均为了确保陈村粉的正宗风味，恪守"寄赖糕香合客喉，但求粉滑宜君口"的祖训，坚持传统制法，坚守家传工艺。

"陈村粉"这个老字号经过了近百年的传承，不仅没有走向消亡，反而不断焕发生机，原因在于他们每一代"掌家人"都明白这样一个道理：一味守着先辈留下来的成果并不是发展之道，只有不断与时俱进，并且学会利用传统优势资源，才能让企业持续发展。经过几代人的努力，陈村粉如今流行到了大江南北，可以说是闻名全国。但也因为不同地区的制作标准不同，现在我们在不同的地方吃到的"陈村粉"的口味也千差万别。如果想吃到正宗的陈村粉，还是得去陈村。

如今，陈村粉已经成了顺德地区独具特色且有代表性意义的风味小吃，也成了顺德人招待贵宾时必备的特色食品之一。为了扩大陈村粉的影响，陈村还专门举办过"陈村粉美食节"，将陈村粉与陈村花卉结合。

坐在黄但记的店铺里，往鼎鼎有名的陈村粉上浇一些用香油、酱油、酸姜丝、烤芝麻调成的作料，一碗粉下肚，香软顺滑的感觉顺着齿颊弥漫到胃里。这般香嫩滑爽的美味，让我对粉的热爱又多了几分。

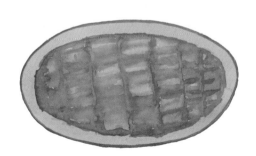

全岛河鲜饭店
（南涌上村店）

地址　陈村镇南冲二工业路
　　　上村市场（大明铝材
　　　后侧）

电话　0757-23334466

寻味顺德

食药相结合

粉葛赤小豆鲮鱼汤

　　据估计，广州菜用料达数千种，杂食之风常令外人瞠目结舌，但同时，也正是因为这种风气的盛行，才使得广东人能够在众多的食材中选出不仅美味而且有利于健康的食材，做出让许多人慕名的美食，比如粉葛赤小豆鲮鱼汤。

　　广东的鱼多，这一点是毋庸置疑的，若非如此，它又哪里来的"鱼米之乡"的美誉？顺德附近的水域里，有一种白色，身体侧扁，背鳍前方略隆起，鳞片较大，有两对须的鱼，那就是鲮鱼。这种鱼因为生长在水温较高的水域，所以吃起来格外细嫩、鲜美，又因为产量大、价格适中以及质量上乘而成为市场上的畅销货，也被称为华南地区最重要的经济型鱼类之一。

　　既然是经济型鱼类，那么它在当地人的餐桌上自然就比较常见。它的烹调方法也是非常多的，粉葛赤小豆鲮鱼汤便是其中最有名的一种。

粉葛是广东人非常熟悉的煲汤食材，味道甘、辛，具有解肌生津、透疹、退热、升阳止泻等功效。粉葛赤小豆鲮鱼汤的主要原料是粉葛、胡萝卜、赤小豆和鲮鱼，采用煲制的方法，不仅具有清热解毒的功效，还是泻湿火的良药。因此，我们不难看出，粉葛赤小豆鲮鱼汤其实是一道药膳。广东地区常年高温多雨，因此带来的湿热熏蒸最容易让湿毒盛行，从而导致湿疹、疮疖、关节酸痛等症状。在这个时候，如果能来上一碗粉葛赤小豆鲮鱼汤，便可以轻轻松松地清热利湿、解肌消肿。

一般来说，做粉葛赤小豆鲮鱼汤，需要先将粉葛切成滚刀块，然后把蜜枣去核、陈皮泡软备用，赤豆、扁豆之类的小豆则需要用清水浸泡一夜，准备好这些之后将瘦肉、鲮鱼洗净拭干，就可以开始煲汤了。瓦煲中注入适量清水之后，先放入陈皮、蜜枣、赤小豆和扁豆，开大火煮沸，之后小火煲1小时，再放入粉葛、瘦肉和鲮鱼拌匀，大火煮沸再改小火煲45分钟，下盐调味就可以享用了。

广东的汤多，靓汤铺子可以说是开遍了大街小巷，而广东靓汤中的大部分又都出自顺德。作为广东最正宗的靓汤，粉葛赤小豆鲮鱼汤自然有着无可比拟的地位。我相信，无论经过多久，全岛河鲜饭店的粉葛赤小豆鲮鱼汤始终在我的记忆里占着一席之地。

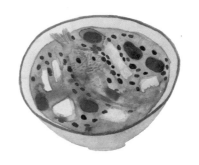

公交饭店

地址　陈村镇安宁西路新圩
　　　中山公园内

电话　0757-23351992

陈村咕噜肉

享誉中外的无骨肉

　　顺德有这样一句古话："走出顺德无啖好食（离开顺德就没有好吃的）。"虽然这句话听起来颇有点自大，但也实实在在地反映了顺德人对自己家乡饮食文化的自豪。

　　陈村旧称龙津，其餐饮业起步较顺德其他地方要早。在陈村，远近闻名的传统美食有陈村粉、陈村咕噜肉、陈皮大虾、弼教狗仔鸭、陈村枧水粽等。其中的陈村咕噜肉，吃过一次之后我便爱上了它的滋味。

　　咕噜肉又称"甜酸肉"或者"咕咾肉"，是在广东地区流传的一道汉族传统名菜，属于粤菜菜系，简单来说是用甜酸汁和猪肉煮成的一种食物。这道菜在国际上的知名度很高，尤其是在欧美地区的唐人街，那里的中国餐馆里最有名、卖得最好的就是咕噜肉。

　　很多人也许会说，我们中国的美食那么多，推广得最成功，最受外国人喜欢的为什么是咕噜肉而不是其他美食呢？

　　这里面主要有两个方面的原因。一方面，在清朝时期，欧美人开始进入中国，在中国最先接触，也最方便接触到的地区是广东，而且欧美人大都喜爱甜酸口味的食物，所以，粤菜中的咕噜肉受欢迎便是顺理成章的事情。另一方面，广东人因地理条件的便利成为最早侨居欧美地区的一批中国人，同时也是最早在唐人街开设粤菜餐馆的一批人。在他们开设的餐馆里，咕噜肉是一道普遍而又必备的家常菜。如此，咕噜肉在国外广受欢迎也是必然的。现在，不论是在我国各地餐馆里还是在世界各地的唐人街餐馆里，咕噜肉都是一种很常见的菜式。很多人吃咕噜肉时喜欢搭配一份白米饭或者炒饭，吃起来爽口又解馋。

关于咕噜肉名称的由来，有两个有趣的说法。第一个说法非常简单，咕噜肉之所以叫咕噜肉，是因为这道菜是用甜酸汁烹调的，做好之后香气四溢，令人禁不住咕噜咕噜地吞口水，所以才得了这个名字。第二个说法超出了它的表象，不说口味，而是说这道菜历史悠久，所以被称为"古老肉"，久而久之，就谐音转化成了咕噜肉。

顺德人对美食可谓精益求精，他们特别注意食物选料的新鲜，也特别讲求火候的控制，并注重各种烹调方法的综合运用，这一点自然也在他们制作咕噜肉的过程中有所体现。

而在陈村，咕噜肉做得比较地道的是一家名叫公交饭店的小店。它虽然外表看起来普普通通，简简单单，做出的咕噜肉可不一般。我自己原先其实是不喜欢猪肉的，觉得它太过油腻了，可这家小店的咕噜肉也是用猪肉做的，吃在嘴里居然没有半点油腻感，实在是让人喜欢得紧呀。

"咕噜肉"，当我在键盘敲下这三个字的时候，我的喉咙一动，忍不住咽了一下口水，在那般美妙滋味的牵绊下，我甚至忍不住要再去陈村一趟，再去品尝这美味的咕噜肉。

菊田日式创意
料理（陈村店）

地址　陈村镇景明路 1 号锦
　　　龙商业楼

电话　0757-23312388

山水豆腐

美食的前世是美景

　　我不喜欢豆腐，听妈妈说是因为小时候吃腻了。吃腻了？对其过程，我在记忆里寻不到一丝一毫。现在，我不喜欢豆腐自然也有不喜欢的理由。在我看来，世界上所有的豆腐都是软软的，而且不好闻。所以，我未曾想到，会有这样的一天，豆腐居然能变成我口中的美味。想知道这个豆腐出自何方，味道如何吗？且听我慢慢道来。

　　没到顺德之前，我是无论如何也想不到这里的美食如此之多。慕名吃了许多让我回味无穷的美食之后，我打心底里爱上了这个地方，爱上了它的钟灵毓秀，爱上了它的美食，爱上了那个颠覆了我 20 多年认知的山水豆腐。

　　山水豆腐是顺德的一道汉族名菜，制作成本不高，但是看起来极具档次，是一道性价比非常高的特色小食。

　　顺德的山水豆腐可以说早就已经名声在外。在制作山水豆腐的时候，要先将黄豆放在山泉活水中持续浸泡 12 小时，然后再进行磨浆处理。这样做出的豆腐口感跟普通方法做出来的有很大的不同，山泉的清凉也会让豆腐在凝结后拥有更加松软的质地。

总而言之，用对了水，做出来的豆腐不仅吃起来有着清甜纯净的味道，而且闻起来也没有一丝一毫的豆腥味。吃过的人都会赞叹一句：这才是真正让人感受到山水灵气与自然味道的好豆腐。

除此之外，山水豆腐在制作过程中是不需要加入石膏的。一般来说，泡好之后的豆子要磨得很细，而且至少要过滤三次，只有严格按照这样的标准做出来的山水豆腐才能既有黄豆的清香，又不干扰舌头的触感，入口爽滑细嫩，可以说是不含一点儿杂质。

我第一次去菊田日式创意料理吃山水豆腐的时候，虽然知道它简单，可等到山水豆腐一上桌，还是有些诧异，竟然简单得跟一张白纸一样。老板特意提醒我，吃的时候只需加一点蜜糖或者酱油就可以了，这些小料足以让这道山水豆腐变幻出无穷的味道。

按照工序做好的山水豆腐，自然嫩得不能用筷子去夹，滑溜清甜，让人胃口大开、食指大动，吃了还想吃。

寄情于山水，又怎少得了一份山水豆腐？

流记饼家

地址	陈村镇合成路美花楼 A 座 5 室（近农贸市场）
电话	0757-23353594

寻味顺德

树叶饼

咸甜皆宜的小清新

陈村的流记饼家也算得上是老字号了，虽然不大，却颇有些名气。正是因为去了他们家，我才有幸第一次吃到了树叶饼。

树叶饼，又名"树叶搭""叶搭饼""叶贴"，是广东顺德地区的一道特色小吃，曾是那里农村地区春节家家户户必做的过年点心。现在，随着人们生活水平的逐渐提高，它已经成为顺德地区最普通不过的街头小吃。

树叶饼可以久留。如果做好后放的时日长，你只需要在再次吃的时候下锅复蒸就可以了，而且神奇的是，这样做并不会影响它的口感和味道，吃起来和最初蒸熟的味道基本上没有什么差别。

作为一个爱吃的人，既然看到了这样美味的东西，我自然是要将它了解清楚。店里的老板跟我讲，正宗的树叶饼要用新产的糯米粉和成甜皮，因为糯米粉不新的话就会影响树叶饼的口感。甜皮的做法很简单，先用清水浸泡糯米，然后把它磨成米粉，再用加热的糖水把少部分米粉搅匀成黏浆，和着

116

糯米粉用手捏成一个个薄薄的扁圆体就可以了。做好饼皮之后在里面包上满满的馅料。

一般来说，树叶饼的馅儿分两种：甜的和咸的。咸的馅儿一般有萝卜干、眉豆、虾皮、猪肉丁等几种；甜的馅儿更多样，可以用花生米、椰子丝、芝麻仁做馅儿，也可以用绿豆、冬瓜糖等做馅儿。准备好皮和馅儿之后，接下来的步骤就简单多了。首先把新鲜采摘的三片菠萝叶摆成梅花状，然后在它上面放上包好馅儿的糯米团子，再上锅用大火蒸熟，等到菠萝叶和馅料的香气相互交织、树叶饼的糯米皮变得绵软通透，就可以出锅了。

以前过年，顺德人就会提前做好许多树叶饼。过年期间，家家户户提着小篮子，里面装着树叶饼，或是送礼，或是招待来客，每家每户都充满了树叶饼的甜香味儿。现在，对于很多顺德人来说，树叶饼不仅仅是一种美味，更是一种来自童年的回忆。吃一口树叶饼，就会想起儿时跟着父母长辈一起做树叶饼时带着满手粉浆和面团的狼狈，想起拌馅料时避开大人视线偷吃一口的刺激，想起择洗菠萝叶时和小伙伴们的欢笑嬉戏，想起等待树叶饼蒸熟时忍不住跟在大人身后急不可耐地来回催促……

树叶饼里承载的是他们当年的期待与欢乐，而这份愉悦的回忆伴随着菠萝叶的香气深深地植根于每个爱吃树叶饼的顺德人的心中，无论时光怎样流逝，也无论世事如何变迁，于他们而言，专属于树叶饼的情怀一直相随不变。

自小，我常跟人说，我一定要做一个美食家，因为美食家可以吃遍全国各地的美食。如果到了顺德，我想寻一家古朴的客栈住些日子，四处走走，中午的时候坐在小楼上，晒着太阳，喝着茶，再配上一盘树叶饼，让茶香和饼香在我心头萦绕。

均安镇
用心灵品悟南粤的惊艳风味 >>>>>

　　"均"和"安",合在一起竟平添了几分韵味。这是一个美不胜收的地方,无论是它的名字、风景,还是它的吃食……你可愿去走一遭,去体验那舌尖上的美味?

大板桥农庄

地址　均安镇南浦大板桥六峰派出所对面

电话　0757-25508992

均安蒸猪
肥而不腻的腌制风味

　　说起蒸猪，国内较有名的恐怕要数顺德的均安蒸猪了。均安蒸猪选用的是重约60斤的整猪，光是腌制等准备工作就要耗费五六个小时。以前，只有在均安当地的红白喜事的宴席上才能吃到蒸猪的鲜美滋味。如今，蒸猪已经成了均安当地的一道特色美食，是前来寻觅美味的食客们不愿错过的一道原汁原味的佳肴。

　　最早最传统的均安蒸猪与古老的祠堂文化一脉相承。据《顺德均安志》记载，顺德各地到了春秋祭祀的时候，"多有烧猪作牺牲分胙肉，而江尾（今均安镇）则用蒸猪"。按照顺德的传统风俗，每年的清明节和重阳节，也就是所谓的春秋二祭，人们就会在当地的祠堂里举行祭祀祖先的仪式，仪式结束后，村里德高望重的老人将祭祀所用的猪肉分发给村坊的各户人家，以祈求祖先庇护村里人，共同享受殷实的生活。

　　在20世纪五六十年代，制作均安蒸猪时选用的是肥猪，而且没有放油这一道工序。当时的食材并不丰富，一头猪往往就是一户人家一年的珍馐美味了。因此，一般都选用100多斤的大猪，这样蒸完以后才能人人有份。

以前制作均安蒸猪时，没有用针刷扎猪肉的环节，更没有借助冰水渗透出精华的烦琐程序。当时，村民就靠最简单的方法来蒸猪，放入糖和盐等最基本的作料来进行腌制，然后放入蒸盒里，柴火烧得旺旺的，一直将猪肉蒸至熟透。蒸熟以后，将猪肉切块，装在大海碗里，然后送到家家户户去。随着饮食习惯的逐渐改变，现代人更讲究肥而不腻的口感，也注重减少肥油的摄入量，同时，对不同的腌制风味也更加挑剔了。因此，人们蒸猪时逐渐将目标锁定在五六十斤的猪肉上。当猪肉快要蒸熟时，村民用自制的针刷一圈又一圈地扎猪身，让那些多余的猪油流走，减少肥腻的口感，再用冰水反复涂抹蒸得沸腾的猪皮，猪肉受到冰水的刺激，会更有弹性且爽口。

自从央视《舌尖上的中国》报道过均安蒸猪后，这种肥而不腻、富有弹性的蒸猪就在网络上一炮走红了，也让我垂涎不已。这次来均安，我做的第一件事就是去吃最原汁原味的均安蒸猪。当地的朋友告诉我，大板桥农庄的蒸猪是均安当地人气最高的，我问了一路，终于找到了这家农庄。在我面前的是一家毫不起眼的店铺。我那日到得很早，虽尚未到饭点，但店里已经零零散散坐了不少食客，其中既有当地人，也有专程从远方赶来寻觅美味的人。大板桥农庄生意之所以如此火爆，除了因为这家的蒸猪肥而不腻、味道鲜美，还因为食客可以在这家店里目睹蒸猪制作的完整过程。

我到店里时，有只整猪刚刚宰好，大师傅动作麻利地将整猪清洗干净，然后将盐、糖、芝麻、五香粉和白酒等作料在猪身上涂抹均匀，之后便是长达数小时的腌制工作。如果少了这个步骤，蒸猪的风味也就无从谈起了。腌制完成后，再浇上白酒，然后将猪放入特制的木箱子里蒸。当这个木箱再一次被打开时，我和其他期盼已久的食客呼啦一下围了上去，那浓郁的肉香早已让我们垂涎欲滴。

在均安人心里，蒸猪象征着团圆与富足，是任何别的珍馐都比不上的。无论在外面过得如何，只要能回到故土，与熟识的乡邻一起吃上一块热气腾腾、软糯香浓的蒸猪肉，就足以慰藉所有的漂泊之苦。

寻味顺德

大板桥农庄

| 地址 | 均安镇南浦大板桥六峰派出所对面 |
| 电话 | 0757-25508992 |

佐酒下饭之妙品

均安鱼饼

均安鱼饼，这个让我吃过一次之后就忘不了的顺德小点是我在大板桥农庄里偶然"淘"到的。起初，我注意到它完全是因为那个"鱼"字，却没想到，它的味道之美居然出乎我的意料。

了解了那么多的顺德美食之后，我发现一个规律，这个地方的名菜或名吃常常用原产地来命名，比如说陈村粉、伦教糕、顺德双皮奶等，这份吃起来香、滑、爽、嫩、鲜的均安鱼饼也是如此。

均安鱼饼是将鲮鱼起肉剁碎之后或蒸或打边炉做成的，味道鲜美爽口，是当地人日常食用的不二选择。

作为一个合格的美食爱好者，我不仅想要尝遍世间的各种美食，也喜欢挖掘它们背后的故事。根据《顺德均安志》介绍，均安鱼饼始于清代光绪年间，出自一个名叫欧阳华长的人之手，到了清朝同治年间，儿子欧阳礼志将他的厨艺发扬光大，改进了鱼饼的制作方法，形成了闻名遐迩的均安鱼饼，它作为佐酒下饭妙品在顺德地区流传了下来。

由于均安鱼饼香气扑鼻，爽滑甘美，所以很受当地人的欢迎，并且慢慢地流传了出去，逐渐成了远近闻名的美食，并传到了中山海洲、新会等地区。时至今日，港澳地区仍将"顺德礼志鱼饼"作为特产礼品出售。

自古以来，"鱼"就被赋予了许多好的寓意，吃鱼代表着连年有余。顺德地处珠江三角洲地区，南北纵横的水路为当地提供了大量的鱼资源，让顺德人家家吃鱼、餐餐有鱼。从各式各样的鱼肉餐到把鱼肉做成点心，他们发挥着自己的智慧和想象力，将鱼肉做得好吃爽口，让人食之难忘。

均安盛产鱼，均安人是做鱼的行家，基本上家家户户做鱼饼，小镇上也遍地都是鱼饼档。

大板桥农庄里的鱼饼做得极好，老板娘也很热情。我去吃鱼饼的那天，因为是下午，店里的人并不是很多。见我从外地来，老板娘便亲自为我现做了一份，她说已经放冷的鱼饼虽然味道没有太大变化，但她还是想让我尝尝热乎的鱼饼是什么滋味。

再三谢过老板娘之后，我便开心地捧着热乎的鱼饼吃了起来。这家的鱼饼不仅吃起来弹牙，口感也非常好，鱼味浓郁。由此可见，他们在原材料上下足了功夫。

均安鱼饼不仅好吃，制作方法也非常简单，只要备齐材料按照步骤，自己在家里也可以做。首先把鲮鱼肉拆骨后剁成鱼蓉，加入淀粉和盐后反复揉，直至上劲，并顺着一个方向搅打，最后下锅摊成饼状，并煎炸至两面金黄就可以了。不过，我觉得，要吃正宗的鱼饼还是去一趟均安为好，毕竟，均安鱼饼的味道可不是随随便便就能做出来的。

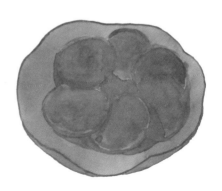

下午的时候，找个温暖的地方，吃两块均安鱼饼，再配上些饮品，看看书，养养神，这种感觉，只能用"美好"二字来形容了。

万胜食店

地址　均安镇星槎星福大路
　　　十街 20 号面
电话　0757-25574887

密口蚬

爱你在心口难开

　　进入农历二月，顺德水乡的黄沙蚬一天比一天肥美。此时正是吃黄沙蚬的最佳时节，遍布城市乡间的大小农庄、酒楼、食肆，无不以"黄沙蚬"为招牌，招揽食客。

　　黄沙蚬是水乡特有的一种生物，一般生长于咸淡水交汇处、水流湍急的河流入海处。顺德水网密布，河流众多，沙多水清，而且没有污染，出产的黄沙蚬外壳金黄，品质绝佳。

　　在这黄沙蚬上市的季节，去万胜食店吃上一份密口蚬就成了一次惬意的享受。一盘热气腾腾的黄沙蚬端上餐桌，闻着蚬香，肚里的馋虫早就被勾了起来，再看看店里往来不断的食客，叹一句：这般好吃的东西，难怪生意会如此红火。

　　店里的何师傅告诉我，蚬底部的两个根就是蚬的筋，只要把蚬筋切断，蚬就不会开口了。何师傅指着蚬壳头部凹进去的地方，一边解释，一边向我示范他炒密口蚬的技巧。

　　首先是挑筋。这是一项技术活。蚬本来就不大，蚬筋更是小。要用刀尖把蚬筋切断，还要保证蚬壳不被破坏，这很考验厨师的刀工。如果蚬筋没有切断，最后炒出来的蚬一定会开壳。挑断蚬筋，是做密口蚬的第一步。接下来就是开锅炒密口蚬了，先把锅烧热，放入生油，把青椒、蒜蓉爆香，再把蚬下锅，加入适量米酒、豉汁、水，盖上锅盖，两三分钟后打开锅盖，炒几下，一碟色、香、味俱全的豉汁炒密口蚬就大功告成了。

蚬子的烹制方法很多，蒸、焗、烧、炒都可以，且各有风味，但最能保证蚬原汁原味的，就是炒密口蚬了。在大多数人的眼里，炒过的蚬一定是开口的，不开口的蚬一定是死蚬。顺德人却能够突发奇想地炒出密口蚬，而且味道更加清甜。

关于密口蚬，还有一个传说。大约是在20年前，住在海边的一群星槎村的村民闲来无事在村中聊天，他们天南海北东拉西扯，不知为何竟然扯到如何炒蚬才不开口的话题。

那个时候的人们也以为只有死蚬才不开口，但是有几个村民就想炒出不开口的活蚬。于是一群人就拿着几个蚬在那里细细观察起来。这时有一个叫作亚鹏的人发现，每个蚬的底部好像都有两条根。他觉得，炒熟的蚬之所以会开口，是因为这两条根的收缩。要是把这两条根给挑断了，炒出来的蚬应该就不会开口了，就会成为密口蚬。

大家一听，觉得靠谱，就立马实践起来。经过众人的一番处理，炒熟的蚬果然是闭口的，没有一个开口，而且所有的水分都留在了蚬壳之中，蚬肉不会因为流失了水分而收缩。人们尝了以后，发现这样炒出来的蚬不仅不难吃，反而因为吸收了酱汁而更加饱满，把蚬的原汁原味都保存了下来，吃起来更清甜。

吃密口蚬的时候用下牙顶着蚬头，上牙夹着蚬一嗑，蚬自然就分开了，同时蚬里面的汁一滴不漏地流入口中。这种感觉是吃开口蚬时体会不到的。蚬汁连同蚬肉一同进入口中，甘甜爽口。

听人说，密口蚬因为口闭得紧紧的，内里却装满了爽口的甜汁，因此便得了个"爱你在心口难开"的名头，光听着就让人觉得甜蜜。因着这么好的寓意，密口蚬的生意也更加红火了。

身边的食客川流不息，吃完的人抹着嘴心满意足地离开，而等待吃的人急匆匆占住座位。这大概就是密口蚬的魅力吧，吃在嘴里，甜在心里。

奇哥私房菜

地址	均安镇星槎福岸村覃局路 8 号（龙苑山庄对面）
电话	0757-25502211

酿鲮鱼

均安人的拿手绝活

　　顺德菜往往以当地最常见的淡水活鱼为原料，厨师根据鱼肉的特征、配料的搭配，发明出了蒸、浸、煎、炸、炒、扒、泡、靠等二十多种方法来烹饪鱼肉，表现出高超绝伦的烹饪技术，也足以体现顺德菜的与众不同。

　　酿鲮鱼作为顺德人的拿手绝活自然也是他们厨艺精湛的代表。第一眼看到这道菜的时候，你可能会以为这就是非常普通的一道鲮鱼菜，你用筷子夹一片肉品尝之后，就会发现它可不一般。

　　我在均安镇一家叫"奇哥私房菜"的小馆里第一次吃到这道酿鲮鱼时，便是这样的感受。

　　"奇哥"家的老板说，鲮鱼有一点不好，那就是它虽然鲜美，却有很多刺。针对这一点，厨师们开动脑筋，发挥了他们一贯的"精做"功底。他们会先小心地起出鱼肉，去掉鱼大骨，并且保留好完整的鱼皮，接下来便将鱼肉和一些细骨都剁烂，之后加入冬菇、马蹄、粉丝、香菜、虾米、腊味等材料，搅拌均匀后打成鱼饼，之后把做好的鱼饼塞回到鱼皮里去，这样可以做出鱼身完整的视觉效果。将鱼上粉下锅煎至金黄色，再加调味料并用上汤扣至入味，打芡，煎香后再焖，最后淋上酱汁，以假乱真的酿鲮鱼就大功告成了。

这道菜的制作如此之复杂，难度如此之大，工艺如此之讲究，不论从哪一方面，都算得上能真正体现顺德厨师高超技艺的顺德精华菜品之一。

根据《中华名菜谱广东名菜篇》中记载，酿鲮鱼是善烹塘鲜的顺德人首创的，其中有三绝值得人们学习。

其一是构思，也就是将酿鲮鱼的多骨变为无骨，这样做出来的滋味堪称一绝；其二是刀工，指的是厨师能做到破皮取肉，却将鱼皮从头到尾保持得丝毫不破，整个取肉剁蓉过程堪称工笔画；其三是烹制法，即酿鲮鱼在做熟后需要用慢火焖着好让各种调料相互渗透和交融。这种把鲮鱼化整为零又恢复饱满的做法体现了超越时空的心思和手艺。

在顺德，酿鲮鱼和炒牛奶、野鸡卷并称为传统名菜"三甲"，就连尝遍山珍海味的香港美食家唯灵与蔡澜都曾经带领着香港美食团专程来到顺德品尝酿鲮鱼，由此也足以见得这道菜对岭南人乃至港澳同胞的吸引力之大。

源头坊养生食府

地址　均安镇星槎福岸村新路口（龙苑山庄）

电话　0757-25599221

均安大头菜

无法化解的均安情结

　　来到均安后我发现，这里的大头菜在餐桌上的地位似乎有些类似北方的大白菜。要是一盘菜里需要加些点缀，那一定非大头菜莫属了。一开始的时候我并没有在意，直到在源头坊养生食府的菜单上看见了许多与大头菜相关的吃食，我的好奇之心才被勾了起来。

　　源头坊养生食府是一家专注养生类菜品的饭店。我国自古就有药补不如食补的说法，所以养生类菜品向来有着极好的市场，而这家饭店在均安一带也小有名气。店里的环境很幽静，给人一种安逸之感，在这样的环境下吃饭，是一种享受。

　　对于我的疑惑，老板进行了详细的解释，之后我才发现，原来在均安，种植大头菜已成为一种情怀。腌制后的大头菜用肉丝炒，是佐餐的佳品，制成的大头菜丁更是美味小食。顺德有句俗语："均安大头菜，个个都咁大个（个个都这么大个）。"

　　一般农历七月初播种均安大头菜，八月中把种苗移植，十二月收获，这时每个大头菜都重4斤以上。收获后的大头菜要经过切菜、腌制、晒干、封存几道工序。切菜时先把大头菜一分为二，再切成片，每片厚度控制在1.5厘米左右，这样腌出来的菜片才软而韧。切好的大头菜要先晾晒，待到它变软才用盐腌制。经过腌制晒干的大头菜要封存一段时间。解封的大头菜会有一种沁人心脾的香味，即使远隔几条街也能闻到那扑鼻的芳香。

均安人将大头菜种得好，所以长在均安的大头菜每一个都很大，不仅大而且还鲜嫩。均安人将大头菜做得好，无论是下酒还是佐饭，它都是均安人最念念不忘的一道佳品。

没到均安时，我便吃上了大头菜，到了均安后，我实实在在地爱上了大头菜。我甚至觉得，如果能住在均安，租一个院子，种一片大头菜，喝喝茶，写写字，也是极好的。

杏坛镇
一方水土孕育一方食味 >>>>>

古语有云："孔子居杏坛，贤人七十，弟子三千。"而以其取名的杏坛镇自然有着源远流长的文教传统，自南宋开村，千百年来，杏坛在顺德一直起着"文化担当"的作用。古人说"君子远庖厨"，那么，这个身处"美食之乡"、文人辈出的地方又是否真的远离了"庖厨"呢？

水乡人家私房菜

地址　杏坛镇逢简水乡永兴
路 1 号

电话　0757-29818908

变废为宝的智慧

顺德草鱼肠

　　顺德人是吃鱼的行家，他们能让一条鱼的价值发挥到极致。比如有名的顺德草鱼肠，在见识到这种变废为宝的吃法之前，我很难想到鱼肠竟然还有这样一种吃法。

　　草鱼肠就是草鱼的肠子。一般情况下，我们将新鲜的草鱼买回来之后，需要先经过一番处理才进行后续的烹饪，而对于草鱼鳞、草鱼肠之类的东西，一般弃之不用。但是实际上，这些都能充当食材，只不过草鱼肠本身比较细小，清理起来也比较麻烦，所以人们一般会放弃食用。

　　在大多数人的心目中，鱼肠不仅味腥，而且不干净，所以很少有人会想到把鱼肠做了吃。多亏了顺德人，才有了现在这道广为人知的美食。心灵手巧的顺德人将草鱼肠清洗干净之后，通过煎、焗、炸等多种方法烹调，创造出了肥腴可口、全无腥味的美食。第一次吃到的时候你根本想不到，如此甘香嫩滑、美味可口的美食居然是草鱼肠。要说变废为宝，这道菜堪称典范！

　　说到草鱼肠，就不得不提"小水乡"——杏坛镇的逢简古村了。在顺德，要吃草鱼肠就得去逢简古村，这里可以称得上是一个美食与美景同在的人间仙境。

在逢简领略了一天的水乡风光，到了下午，我们便进了水乡人家私房菜，一来歇歇脚，二来充充饥。因为朋友倾情推介，所以到店之后我们首先就点了这道菜。

而我好奇的是，顺德人是怎么想到要吃草鱼肠的呢？毕竟这种东西在许多人眼里是"废料"。了解一番后，总算找到了答案。原来，顺德人之所以会想到吃草鱼肠，是因为他们发现草鱼肠的脂肪含量很低，非常适合儿童和老年人食用，对脾胃不好的人尤有裨益。

我又查了查资料，发现草鱼肠确有益肠明目、保护脾胃、祛风、平降肝阳的功效，常吃草鱼肠还可以治疗虚劳、高血压和头痛。只不过，草鱼肠在食用的时候一定要清洗干净，而且必须煮熟，不然人在食用后会感染寄生虫。在清洗草鱼肠的时候，可以先将它放入白醋中浸泡几分钟，然后把鱼肠剪开洗净，最后浸入清水中漂去醋味。

等到鱼肠上桌，我吃了一口，不但不腥，还特别滑韧鲜香。看到我们吃得开心，老板还特意讲了讲他们家做这道菜的方法。他说，要做草鱼肠，最好选用新鲜活鱼的鱼肠，且草鱼肠的最佳食用时间是宰杀后2~6小时，因为这一时期的鱼肠既鲜嫩味美，又有利于人体消化吸收。如果鱼肠不新鲜，它的味道就大打折扣了。除此之外，还需注意一点：在取鱼肠之前，最好把刚杀好的鱼放入冰箱冷藏室储藏，这样做一来干净，二来可以保证鱼肠新鲜且不走味。

听罢讲解，再品这美味爽口的草鱼肠，我不禁感叹：顺德人对美味的追求简直就是无止境的呀！

有记水产

| 地址 | 杏坛镇大北镇226村道与龙大线交叉口南100米 |
| 电话 | 13715435720 |

香浓而不失鲜味

百花酿蟹钳

　　杏坛是个美丽的地方，美到让我流连忘返。除了美景，美食也是我留恋杏坛的原因，这里的每一餐带给我的都是惊喜与满足。不知道什么原因，我突然馋起了海鲜，大清早还在被窝里的时候就想着要是能有一盘虾、一只蟹就好了。这便让我打定了去有记水产总部的主意，昨天路过的时候见他们家等位的人不少，想来应该是不错的。

　　特意早早地出发，到店里时人还不多，老板见我漫无目的地翻着菜单，便过来推荐了几道菜，介绍得颇为详细。其中令我印象最深刻的是一道被誉为"贵族美味"的百花酿蟹钳。

　　据老板介绍，20世纪80年代，当百花酿蟹钳这道菜第一次在广州花园酒店亮相的时候，就引起了很大的轰动，因其特别的造型和味道，百花酿蟹钳名气大增。从那以后，这道菜就成了广东各地酒席宴会上必备的一道"压场面"的大菜。

　　第一届广州交易会开幕后，越来越多的外国宾客开始到广州进行访问。与此同时，很多外国人喜欢上了以"鲜"著称的广东菜。不过，喜欢归喜欢，因为文化差异以及饮食习俗的不同，他们并不能完全接受含有骨头的中式菜品。针对这种情况，广州花园酒店的大厨发挥自己的聪明才智，创造出了这道中西结合的菜式——百花酿蟹钳，不出所料，这道菜受到了外宾的赞美和喜爱，这让广州厨师的名气跨越太平洋，也使得粤菜的影响进一步扩大。

　　在当时，只有高级酒店的厨师才有招待外宾的资格，因此也只有他们才会烹制这道菜，普通人平时是吃不到这道菜的。后来，广州花园酒店特制的这道新奇的百花酿蟹钳成了桃园馆中餐厅里最受欢迎的菜式之一，它独特的造型及香脆、鲜甜的味道给不少食客留下了深刻印象，在往后的几十年里，甚至有许多人千里迢迢赶到广州，只为一品百花酿蟹钳的滋味。随着时代发展，这道菜已经不再那么珍稀了，在广州、顺德等地的大型饭店里面基本能吃到。

　　在老板的热情介绍下，我不多时就点好了菜。其他几道菜不消片刻就被服务员端上了桌，只有那道百花酿蟹钳上得晚一会儿。

　　"这蟹钳做起来复杂吗？"我觉得这道菜既然晚上了一会儿，自然是因为工序复杂，便问出了口。本来以为是极失礼数的一句话，没想到却意外收获了一道菜的制作方法。

　　服务员说，在做百花酿蟹钳的时候，需要把新鲜的虾肉搅拌后均匀地填充进空蟹钳里，精心裹上一层鸡蛋后再蘸面粉，下油锅炸成诱人的金黄色，出锅后再配以酸甜酱汁，百花酿蟹钳就算做成了。

　　馋了大半天，终于如愿地吃到了蟹钳，看着眼前炸得金黄诱人的蟹钳，我迫不及待地出手了。蟹钳初入口时香脆，内里却又完美地保留了虾肉原有的鲜甜，爽弹美味，让人唇齿留香，欲罢不能。

　　我该庆幸自己生在这个时代，若是早生个一百年，恐怕是吃不到这道美味的。别说那时它还没诞生，即便诞生了，也是平头百姓接触不到的"贵族美食"，而我这个普通百姓大概也是与它无缘的。

南乳花生

甘香酥脆的南粤名食

　　南乳花生是顺德特产，顾名思义，"南乳"和"花生"便是这道菜的主要食材。南乳指的是红腐乳，是豆腐切成小块以后接种上红曲霉密封发酵而成的。腐乳的独特风味就是在封闭贮藏的过程中形成的。红腐乳制作成功以后，可以单独食用，也可以用来烹调一些风味独特的菜肴。

　　在制作南乳花生的时候，需要先将红腐乳捣成泥状，再将糖、盐、冷开水、南乳汁混合在一起调匀，加入八角，接着将去过壳的花生浸在制作好的酱汁中，然后自然风干。最后一步是将花生放入锅中炒熟。这一步说起来简单，但是十分考验厨师对火候的掌控。腐乳中含有丰富的蛋白质，火候过大很容易将花生炒焦，十分影响口味，所以必须用小火炒，将花生炒至香酥就可以出锅了。

　　南乳花生中鼎鼎有名的云浮南乳花生始创于1807年，据载，它由云浮丰收乡的陈氏始创。一直以来，南乳花生都是用秘方土法制作出来的，做成的产品也大多在乡间兜售。1942年，陈氏家族中有一个叫陈仕良的小辈继承了先祖留下来的南乳花生秘制配方，他在丰收乡的陈屋村开办了一家小商店，专门销售自制的南乳花生，自此，南乳花生的销售打破了只在乡间兜售的模式。

又过了几十年，陈氏的另一位传人把南乳花生的制作技术转让给了丰收大队商店，使得南乳花生可以在丰收大队及云城镇销售，从此以后，南乳花生便成了当地特产。

南乳花生成为地方特产之后，为了传承和精进南乳花生的制作工艺，当地正式创办了丰收惠康食品厂，专门从事南乳花生及其系列产品的生产。随着产品知名度的不断扩大，南乳花生最终成了当地著名的风味小食、云浮人送礼的首选佳品，"云浮特产"实至名归。

过去，云浮人做南乳花生使用的是以细沙裹住花生，再放到火炉上烤的方法，这样做出来的花生不同于其他的炒花生，吃起来特别香脆，且没有让人不适的焦味。虽说如今人们已不再用火炉烤制南乳花生了，但是技术改良之后用烤炉烤制的花生也很好地保留了原有的风味。

云浮南乳花生一直以"质量第一、顾客至上"为宗旨，不断精进制作工艺，提升产品质量。云浮南乳花生制作工艺独特，口感极佳，而且还有化痰止咳、生乳、通乳、养胃温肺等功效，一直广受顾客好评，甚至有人特地赠

诗赞道："南乳花生出惠康，生意兴隆四时旺。送礼佳品老少宜，粤市名牌不愧当。"

　　早些年，广东的街头巷尾还有叫卖南乳花生的小贩，他们时常吆喝着："卜卜脆，南乳肉。"常有馋嘴的小孩子禁不起诱惑，一听到叫卖声就迫不及待地扯着家人的衣脚撒娇，只为讨一把南乳花生当零嘴儿。时至今日，叫卖南乳花生的街头小贩已经越来越少了，甚至难觅踪迹，但是南乳花生作为"南粤一绝"风采依然如故，仍是广东人乃至全国人心目中响当当的岭南风味美食。

　　回到住处之后，我尝着酥脆的花生，这南乳花生的独特风味似乎将我带回了从前，步行街上仿佛又响起了叫卖声："卜卜脆，南乳肉……"

头啖汤

地址	杏坛镇建设路西 22号海骏达·海云堡 P18
电话	13928296207

白汁煲猪肺

老菜谱里的新味道

正所谓"酒香不怕巷子深"，越是藏得住的地方越容易出精品，建设路的饭店"头啖汤"便是如此。

要去这家饭店，须先穿过一条小巷。它虽然偏僻，却不难找，类似于大排档的装修风格，后面还带着小院子。来到这里，让人不禁产生一种喧嚣之外的安逸感。

我们到的时候正赶上午饭时间，店里的人非常多。服务员非常热情，知道我们是外地过来的，对这里不甚了解，便给我们推荐了几道菜，其中有一道白汁煲猪肺很是好吃。

和猪心、猪肝等"上水"不同，猪肺和猪肠都属于"下水"，虽然能做出很好吃的味道，但极其难洗。而顺德人在饮食的粗料细作上是出了名的。对于猪肺的制作，他们很有心得，在煲猪肺上更是下足了功夫，甚至到了出神入化的境界。

秋天，人们容易患上肺热咳喘的毛病，为了缓解这一症状，顺德人做出了这道靓汤，它不仅清肺热、治咳嗽，而且清甜可口、营养丰富，还有养颜的功效。服务员告诉我们，要做出美味的白汁煲猪肺，需要先把猪肺灌洗干净，再在铁锅里爆透，切成厚片，煲至猪肺变软以后，加入鲜水牛奶再略煲一会儿。

等这道白汁煲猪肺上桌，果然如人称赞的"香味扑鼻"。白汁煲猪肺的汤汁呈白色，里面的猪肺量不少。猪肺经过长时间的炖煮已经变成浅褐色，肉质看起来还算紧实，没有之前想象的那般松软。我之前没有吃过猪肺，所以就先喝了口汤尝鲜，感觉汤清甜味美，更为难得的是里面居然没有一丝腥气。猪肺的口感有些特别，不过也能接受，吃了几块之后，我尝出了其中香甜的味道。

在很多人眼里，猪肺之类的"下水"并不值得尝试，毕竟做起来太费功夫了，只清洗这一项就需折腾大半天。顺德人之所以愿意在这些食材上费神，只因能做出美味来，他们对美食的执着追求实在令人佩服。

吃到最后，桌上的两菜一汤都见了底，而我依然意犹未尽。在这家小店里，我感受到了质朴无华的风土人情，品尝到了一道道营养丰富、口味绝佳的美食，不枉此行。

龙江镇
一方美食造就一方饮食文化 >>>>>

如果说顺德是美食爱好者的天堂，那么龙江则是这天堂不可或缺的一部分。上千年的历史留给它的不仅是丰厚的文化底蕴，还有无数让人垂涎欲滴的美食。到龙江的街头走一走，一览古镇的秀丽风光，一探古镇的人文历史，一品古镇的风味美食……

趣香食品

地址　龙江镇人民南路
　　　71号
电话　0757-23223597

咸肉粽

百吃不厌慰乡愁

　　每年端午节，网上都会有一场"南北争议"——粽子该吃哪一种？甜粽？肉粽？其实大家也就是图个热闹好玩罢了，由于地域饮食文化上的差异，"该吃哪种粽子"是难有定论的。

　　不过说到肉粽，顺德的咸肉粽倒是值得一提。咸肉粽是广东粽子的一种，亦是南方粽子的代表。在广东，除了常见的咸肉粽、豆沙粽，还有用咸蛋黄做成的蛋黄粽，以及用鸡肉丁、鸭肉丁、叉烧肉、蛋黄、冬菇、绿豆蓉等食材为馅料制作的什锦粽。其中咸肉粽最具有代表意义。

　　咸肉粽以五花肉和糯米为主要原料，它的特点是个头儿大，外形别致。从正面看，咸肉粽呈方形，后面还有一个像锥子一样隆起来的尖角。

　　在龙江镇吃咸肉粽，我选择了趣香食品。他家的咸肉粽在当地很有名气，尝过之后，感觉名副其实。

　　传统咸肉粽的灵魂在于五花肉，要想做出味道鲜美的咸肉粽，一定要在五花肉的选用上把好关。趣香食品的师傅说，如果要做咸肉粽，一定要选肉红脂白、层次分明的五花肉，而且千万不能用瘦肉，因为瘦肉做的粽子口感不滑也不香，完全没有咸肉粽该有的味道。咸肉粽中的红枣、红豆对人体十分有益。包粽子的粽叶有清凉解暑的功效，还能减少五花肉的油腻感。

在顺德，一年四季都能在路边小店和酒楼买到咸肉粽，它几乎是与蛋挞、鸡仔饼等传统广式点心齐名的美食。在早茶茶市上，咸肉粽更是当地人必选的早餐佳品。

不过，从健康的角度来看，不是人人都适合吃咸肉粽，患有高血压、高脂血症和心血管病的人群是不宜吃咸肉粽的，大家千万不要因为一时贪嘴而忽略了健康。此外，老人和儿童也不要过量进食，否则容易导致消化不良。总而言之，吃咸肉粽应当有所节制。特别提示，在吃粽子的时候不能喝冷饮，否则会让糯米凝固，不易被人体消化而导致积食。

广州人每天都有粽子吃，而北方人只有端午节的时候才会特意准备粽子，在平时，粽子在北方人的餐桌上是不太常见的。所以，如果你喜欢吃粽子，就去广州；如果想吃正宗味美的咸肉粽，就去顺德。要注意：粽子好吃，但也不能多吃哟。

依立香饭（龙江一店）

地址　龙江镇工业大道 93 号
　　　（生力啤酒厂对面）

电话　0757-28683098

五更饭

煲仔饭的前世今生

　　顺德的美食多如繁星，从简单的小吃点心，到复杂的席面大菜，都独具风味、各有特色，不可替代。

　　今天，我有幸见识了顺德地区最特殊的一款主食——五更饭。说它特殊，是因为这是产妇在坐月子时吃的早餐。我不是产妇，自然用不着吃五更饭，只是慕名来到一个叫依立香饭的小店里吃煲仔饭的时候，恰巧遇见一位先生来给自己坐月子的老婆买五更饭。五更饭这个名字着实令我好奇，老板娘是个很爽快的人，见我疑惑，便热情地将这五更饭的来龙去脉都与我说了。

　　众所周知，五更是指早上3点到5点，那么产妇为什么要在这么早的时候吃饭呢？因为产妇在生完孩子之后身体会比较虚，需要进补，食补则是很重要的一种方法。妇女产后吃五更饭能够补中益气、祛风寒、健脾胃。而且早上是一天内人体最容易消化和吸收营养的时段，所以喂母乳的产妇吃五更饭会分泌更多乳汁，精神也会更饱满。

　　以前穷苦人的家里并没有什么菜可以让产妇进补，为了给产妇补充营养，人们往往会想尽一切办法做出营养价值高的食物。相传，有一个疼爱儿媳妇的婆婆为了让产后虚弱的儿媳妇恢复身体，想尽了办法。无奈家里贫穷，实在买不起什么好东西，在不断尝试中她想到可以用盐油佐饭，于是便做出了"油盐饭"，也就是五更饭。

由于配料、做法简单，五更饭可以说是一道实实在在的平民补品。它的用料不多，只要在米饭滚开后开始干水时加适量的油盐，然后用筷子拌匀，盖上锅盖，等到饭熟时收火，就可以食用了。

"按照最传统的做法，五更饭就是在凌晨5时前吃的。但现在时间也没有定得那么死，一般是在早上7时左右吃。"说到这里，老板娘又多说了一句。

老板娘还告诉我，随着生活水平的提高，五更饭的材料也变得丰富多样起来，一般来说，饭里面少不了姜丝、猪肉和鸡蛋，可以做黄鳝饭、鸡肉饭、元贝干加油盐拌饭和姜蛋炒饭，还可加上北菇、排骨、雪菜、榨菜和梅菜等食料。现在所说的"五更饭"其实已经演变为"煲仔饭"。而"五更饭"这个说法顺德本地的一些老年人更了解一些，年轻人已经很少知晓了。

专做顺德美食研究的廖锡祥先生曾说，五更饭还具有改善婆媳关系的作用。就跟上面故事中所说的一样，婆婆又是费尽心思地给儿媳妇补身体，又是不辞辛苦地一大早就起来煮饭，并且将饭端到儿媳妇床前，面对这样细心周到的照顾，儿媳妇自然会非常感动，婆媳间的关系也就变得和谐起来，在这种影响下，家庭成员之间的关系及这个家庭的整体情况会变得越来越好。

一边吃着碗里的饭，一边听着老板娘的介绍，我觉得，五更饭不仅是一顿饭，更是一份温暖的人间真情。

寻味顺德

依立香饭（龙江一店）

地址　龙江镇工业大道93号
　　　（生力啤酒厂对面）

电话　0757-28683098

煲仔饭

秋冬时节香飘飘

有人说，没吃过煲仔饭就算没到过顺德。第一次听到这话的时候，我还诧异了一番：煲仔饭难道不是每个地方都有吗？我所在的城市，大街小巷都有煲仔饭店，什么山东煲仔饭、广州煲仔饭、合肥煲仔饭……为什么要吃煲仔饭还得去顺德？顺德的煲仔饭想必是极好吃的。

既然这样，顺德的煲仔饭我自然要去尝一尝。听说龙江镇依立香饭的煲仔饭很有名，打听好路线，我便优哉游哉地出发了。

到店时正是早上9点多，不早不晚的一个点，店里只有我这一位食客。店铺不大，却干净温馨，老板娘做起事来干净利落，待我选了口味之后她便停下了手中的活计，让我稍等片刻，自己转身去了厨房。

等餐的工夫，我仔细了解了一下煲仔饭。

煲仔饭源自广东，顾名思义，就是用小煲仔煮的饭。广东人称砂锅为煲仔，所以这种在砂锅里做成的饭就被称作煲仔饭。煲仔饭历史悠久，在近两千年前的《礼记注疏》中就有相关记载。据说"周代八珍"中的"第一珍""第二珍"和煲仔饭做法一样，只不过是以黄米作为原料，由此可见，煲仔饭在当时是很名贵的。按照韦巨源在《食谱》上所记的内容来看，煲仔饭在唐代被称为"御黄王母饭"，是将编缕（肉丝）和卵脂（蛋）盖在饭面上做成的，因而吃起来更别具风味。

好的煲仔饭，用米十分讲究，一般选用丝苗米，因为这种米油润晶莹、米身修长、柔韧适中、米味浓郁。除了选米，所选用搭配的材料也决定了煲仔饭的口味。比如我所吃的腊味煲仔饭，晶莹剔透的米饭吸取了腊肉的精华，饱含汤汁的浓郁咸香，腊肉肥而不腻，温润可口，食用之后全身暖乎乎的，神清气爽。假如采用肥瘦相间的腊肉，香味还会更加浓郁。料汁是煲仔饭的香味魔法师，由于煲仔饭的调味很简单，在煲制时不加任何调料，因此料汁的味道十分重要。

在吃腊味煲仔饭的时候，人们一般会配上青菜、西蓝花、芥蓝、小青菜等蔬菜。这些菜都需要提前焯烫。焯烫时水中放一些油和盐，除了可以给蔬菜增加味道，也可以使蔬菜颜色更鲜亮。当然，千万不要忘记用冷水过凉的步骤，否则绿绿的蔬菜就会变黄。

食用煲仔饭，最不能放过的就是锅巴。金黄色的锅巴干香酥脆。用勺子拨动煲口的锅巴，沿着煲把勺子伸到煲底，可以轻易地将煲底的锅巴剥下，放在嘴里慢慢嚼动，齿间留香，回味无穷。

老板娘告诉我，20世纪80年代的煲仔饭最好吃，因为那个年代是用柴炉做煲仔饭的。用柴炉烹制的煲仔饭有一种令人难以忘怀的味道，锅巴比较厚并且香脆。最有名的是用荔枝柴烹制的煲仔饭，据说用这种柴能让米饭有一股荔枝的香味，令人陶醉。

我想着，那到底是怎样的美味呢？说得我恨不得穿越到那个年代去，亲口尝一尝那般滋味，而我也终于认可了这句话：到了顺德是一定要吃煲仔饭的！

趣香食品

地址　龙江镇人民南路71号
电话　0757-23223597

龙江煎堆
元宵佳节盼团圆

　　在广东地区，有这样一句谚语："年晚煎堆，人有我有。"意思是说，到了年末家家户户都要做煎堆。起初听到这句话时，我还不知道煎堆到底是什么，也很好奇：为何它会如此受欢迎？

　　煎堆，其实就是北方地区常见的麻团，东北地区称之为"麻圆"。煎堆是油炸面食的一种，流行于广东地区。关于煎堆，在明末清初文学家屈大均所著的《广东新语》中就有记载："广州之俗，以烈火爆开糯谷，名曰爆谷，为煎堆心馅。煎堆者，以糯粉为大小圆，入油煎之，以祭祀祖先及馈亲友者也。"清末的一首《羊城竹枝词》中也有"珠盒描金红络索，馈年呼婢送煎堆"的描述。这样看来，早在清代就已经有了把煎堆作为年宵礼品的风俗。

　　在龙江，我还听到了一个关于煎堆的传说，很有意思。相传，在很久以前，龙江村里有一只巨型怪兽，它专门在每年大年三十晚上人们吃团圆饭的时候出来吃人，而且专门吃人的头，所以每到这个时候，村子里虽然看起来喜气满满，但是人们的心里却惶恐至极，每家每户恨不得将屋子变成牢不可摧的石头，好阻隔住怪兽的袭击。

过了几年之后，村里有一个叫阿堆的青年想到了一个主意，他把面粉塑成人头的模样，里面填满了用烈酒和鲜肉做成的馅儿，做好之后把面"人头"放到油锅里炸熟，然后配上假的头发和身体，放在每家每户的门口。大年三十的晚上，怪兽如期而至，一口气吃了十多户人家的假人头，不一会儿，它就因为酒性发作倒在了地上。闻声而来的村民们纷纷拿着刀叉上前与醉酒的怪兽搏斗，最终把它杀死了。村民开心地围着怪兽的尸体欢呼，以后他们再也不用害怕怪兽在大年夜出来吃人了。

可惜的是，在搏斗中阿堆不幸被怪兽咬死了。后来，人们为了纪念他，也为了感谢他的聪明英勇，每逢岁暮就仿照他当日所做的面人头，改用糖和爆谷花为馅，做成煎果敬奉他，并且将这种点心命名为"煎堆"。

慕名来到龙江镇的趣香食品店，定睛一看，人可真多，老的少的，虽然相貌穿着不同，但是面前都摆着一道同样的吃食——龙江煎堆，我便知道自己找对了地方。

店里的师傅说，龙江煎堆做起来非常简单，先用糯米粉糅合黏米粉做成皮，用爆谷花和炸花生加糖浆拌匀做成馅儿，然后将馅儿包进皮里，捏成拳头大小的球状，裹上芝麻后下油锅炸成金黄色即可。

不过，在做煎堆时，还需要注意两点：第一，要精选新鲜的糯米，选好的糯米需要放入水中浸泡5个小时左右，然后用石碾碾成米粉状，用筛子筛取精细的部分，再加水搓成粉团，放进锅中煮熟；第二，炸煎堆时要用最好的椰子油或者花生油，在油炸的时候，需要不停地翻动。

尝了一口刚上桌的煎堆，我便理解了为何广东人如此中意它。因为这煎堆吃起来口感极佳，可谓皮脆耐嚼、馅甘味浓，而且它看起来圆滚滚的，人们常说，吃煎堆预示着和气生财、万事大吉。

正所谓"煎堆碌碌，金银满屋"，既然煎堆有这么好的寓意，我倒想亲自做一做，做好之后不管是自己吃还是拿出去送人，总归是个好兆头。

太和庄（龙江店）

地址	龙江镇陈涌工业区太和路1号
电话	0757-23226633

龙江米沙肉

软滑可口，肥而不腻

　　如果有人这样问我："你喜欢吃肉吗？"我会毫不犹豫地答一句："喜欢！"然后再掰着手指如数家珍地道出：猪肉、鸭肉、鱼肉、鸡肉、牛肉、羊肉……还有米沙肉。米沙肉是广东顺德的一道传统名菜，因为龙江米沙肉比较地道、著名，遂成为米沙肉的代名词。

　　第一次吃米沙肉是在龙江镇的太和庄饭店里，肉一入口，我便被这美味香浓、软滑可口、肥而不腻的美食折服了。

　　龙江米沙肉又名粉蒸肉，说起来，这道菜的历史也称得上源远流长了。根据宋诩《宋氏养生部》的记载，早在500多年前的明武宗时期，米沙肉就已经出现在宫廷中。只不过，那个时候，米沙肉被称为"和糁蒸猪"，是将猪肉厚片用米沙、花椒、盐等调味料拌和之后，上笼蒸熟制成的。

　　龙江米沙肉的香气沁人心脾，让人一闻就忍不住想要品一品它的肥腴滋味。智慧的先辈们在众多的食材中选择了米沙，将它炒过之后入菜，能使五花肉增香添爽，同时可以吸收五花肉中多余的猪油，令其肥而不腻。

　　到了清代，制作米沙肉的主料已经从猪肉厚片变成了精选过的肥瘦相间

的五花肉。为了让大米的焦香和花椒的麻香完美融合，需要用微火炒成黄米沙后拌入花椒粉。除此之外，清代的米沙肉在调料上更加讲究，最具有代表性的改进是，厨师们经过反复调试，把调料中单调的盐改为了鲜香浓郁的面酱，他们把主料与调味料拌和后整齐地排列在白菜上面，之后放入笼中，蒸熟烂。

对于米沙肉的美味，清代著名诗人兼美食家袁枚在自己的《随园食单》中是这样写的："（米沙肉）不但肉美，菜亦美，以不见水，故味独全。"到了清朝末期，迎熏阁、望春楼两家酒楼的老板费了一番心思，特意采用"西湖十景"中"曲院风荷"的鲜荷叶，将炒熟的米沙和经过调味的猪肉包起来腌制成菜，做出了带着荷叶清香，吃起来鲜肥软糯却一点儿都不腻的荷叶米沙肉。荷叶不仅清香，而且有消暑除烦的作用，很适合在夏天天气酷热之时食用。因此有人赞这道荷叶米沙肉："幽香并不浓烈，肥腴而不腻人，质地酥烂而外形整齐，内涵丰富却毫不张扬，其复杂和多变令人难以捉摸。"一时间让这道菜声名远播，惹得人人都想品尝一番。

吃完饭，伴着落日的余晖走在龙江街道上，风拂过脸颊，暖暖的，让人还没喝酒就生了醉意。身边偶有行人、车辆经过，而我在异乡的街头上享受着这般安逸又不失孤寂的时刻，思绪渐渐飘远又被扯回，再飘远……

离家久了便会想家，而美食中藏着家的味道。一顿饭，明明吃的时候满心欢喜，吃完了却有些怅然失落。心里想着：家里人可吃得惯这种口味？真想让他们也来尝尝这里的美味。

甘莲海鲜

地址	龙江镇左滩村委会隔壁
电话	0757-23361893

煎焗甘鱼

分毫不差的火候

　　说起龙江，煎焗甘鱼不可不提。它是顺德众多鱼肉做的美食中颇具代表意义的一种。

　　在顺德，人们常食的鱼类主要就是四大家鱼，而在这几种鱼中，草鱼、大头鱼（鳙鱼）最受欢迎，煎焗甘鱼便是一道用大头鱼做出的美味。

　　甘莲海鲜是一家临江而建的饭店，江上优美的环境与新鲜的鱼虾为它集聚了人气。据说这家做得最有名的就是煎焗甘鱼，店里的大厨通过"煎焗"做出来的鱼，闻起来鲜香，吃起来嫩滑，深受广大食客的欢迎。

　　傍晚的时候，我和朋友驱车来到了江边，慕名而来的我们直接点了煎焗甘鱼。见我是外地来的，老板娘便一边忙碌，一边跟我们扯着闲话，说着自家的吃食。

　　所谓"煎焗"就是先煎后焗。要先用高温的干锅煎出鱼肉中的部分油脂，从而使鱼的肌肉组织出现空隙，以便焗时能够更多地吸收调味汁。等到把原料煎到一定熟度后，再采用"焗"这种做法，让热力和味道深入鱼肉的内部，使食材增香入味。

等到煎焗甘鱼做好上桌，果然是色、香、味俱全。见我们吃得开心，老板娘也十分高兴，她告诉我们，要做出味美的煎焗甘鱼，最好选用水库里的鱼，因为那里的鱼没有土腥味，吃起来也更加鲜滑可口。

"煎焗"并不是一门好掌握的技术，说起来容易，做起来却并不简单。煎焗时需要注意三点：第一是酱汁的口味要丰富；第二是做鱼的火要猛，做鱼的煲要烧得滚烫，这样才能做出煎焗的口感，也才能有"镬气"；第三是要等鱼熟透了之后再加酱油、糖、味精调味，搅拌时动作一定要轻，不然鱼肉容易碎烂，影响口感。

在这般热闹的环境下，一边听着老板娘分享自家的"秘方"，一边吃着美味爽口的煎焗甘鱼，内心溢满了喜悦。不远处江风也从窗口飘了进来，似乎想一窥店里的究竟，抑或是被扑鼻的香味勾起了馋虫，也想来尝上一口……

现如今，很多美食，不用特地去它们的产地就可以吃到，好比煎焗甘鱼，即便你离顺德十万八千里，一出家门没准也能看见挂着煎焗甘鱼招牌的饭店，但口味是否正宗就得另当别论了。如果你外出就餐时，遇到有声称是顺德人的老板，不妨让他做一做煎焗甘鱼这道顺德人的看家菜。我相信，凭

这道菜，便可以试出这个厨师的功力了。

　　清、鲜、爽、嫩、滑的粤菜风格在煎焗甘鱼身上体现得淋漓尽致，我十分庆幸自己曾走过顺德的街头，品尝过顺德丰富多样的特色美食。煎焗甘鱼的美味我至今不能忘怀，若有机会，定要再去一次龙江，再品一次美味的煎焗甘鱼。

寻味顺德

东头润根烧肉

地址	龙江镇东头工商业一街与东头工商业大道交叉口东50米路北
电话	13702636842 或 13702484853

忘不了的味道

东头村烧肉

自从央视的美食纪录片《寻味顺德》播出之后，顺德美食在国内外的知名度大幅提高，也着实让龙江火了一把。

深厚的饮食文化配上精湛的烹饪技术，在信息化时代，龙江这个以美食闻名的小镇瞬间吸引了世界各地的目光。龙江美食作为顺德菜的重要组成部分，也迎来了自己的黄金时代，许多极具地区特色的地方名菜也成了引领饮食潮流的方向标。

龙江有赫赫有名的"十大美食"，东头村烧肉便是这"十大美食"中的翘楚。

东头村烧肉在20世纪70年代诞生于龙江里海地区，它是当地居民广泛融合各地的烧肉工艺，并且经过反复调试才做出来的一道独具特色的美食。一开始，这些龙江烧肉都集中在东头市场销售，于是"东头村烧肉"的品牌就这样打响了。

如今，在龙江有一家专卖东头村烧肉的店，叫作"东头润根烧肉"，在这家店吃过一次之后，我十分乐意把它推荐给外地的美食客。

东头润根烧肉店不大，装修也很简单，却能给人带来一种悠闲舒适的感觉。我和东头村烧肉的缘分便是在这家店结下的。

作为一道极具龙江特色的传统名菜，东头村烧肉有着悠久的历史，它凭借考究的选材、特别的烤制手法以及严谨的制作工序，给人们带来了肉质干爽、肥而不腻的味觉体验，受到了很多美食爱好者的认可与喜爱。

除此之外，东头村烧肉还有"鸿运当头""红皮猛壮"的良好寓意，因此无论是大年小节，还是迎亲送友，纯朴热情的顺德人都喜欢把东头村烧肉端到餐桌上来。

在东头润根烧肉店里，老板跟我讲，做烧肉最好挑选40~60公斤瘦骨薄皮的小生猪，以此烤制出来的"烧肉"味道最佳。

在吃的世界里，美味是唯一的法则，而在一座城市里，舌尖上最为极致的体验，往往都来自不起眼的角落。就像正宗的东头村烧肉，隐于市中，却不知被多少人向往、回味……

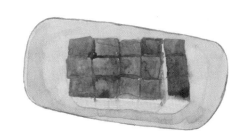

乐从镇
寻觅一脉相承的美食密码 >>>>>

　　乐从，这个因商业而得名的小镇在明清时期就已形成体系，原名为"六松墟"，后谐音为"乐从镇"。小城日新月异，不变的是街巷里飘着的美食香味。

荔园酒家

地址　乐从镇跃进路 A56 号
　　　（新时代商业城5楼）
电话　0757-28861993

乐从心生

乐从鱼腐

乐从鱼腐是顺德的一道传统名菜，早就被我列入了"寻味清单"中。

乐从鱼腐的主原料是鲮鱼和鸡蛋。鲮鱼肉嫩，水分少，清鲜味美。厨师们经过长期的烹调实践，不断研究鲮鱼的特性，改进鲮鱼的制作方法。鲮鱼肉质纤维丰富，鸡蛋中富含优质蛋白，厨师们利用这两种食物的特质，将两大食材组合，创制出色泽金黄、味道鲜美、嫩滑甘香，适合做菜、煲汤、焖煮，且富含营养的美味——鱼腐。

鱼腐在顺德人眼中是一种百搭的食材，可单独做成菜，比如红烧鱼腐，也可以与其他食材组合，如冬菇蚝油扒鱼腐、上汤韭黄鱼腐、生菜胆扒鱼腐、火锅鱼腐等都是用乐从鱼腐制成的美味佳肴。据说，在吃鱼腐时，配上一杯葡萄酒，便能使口中的鱼腐更加嫩滑可口。

在乐从有一个关于鱼腐的传说。乾隆年间，沙滘有一个有名的孝女，因为家境贫寒，实在买不起什么美味的东西。父亲平常只能吃咸鱼青菜，终日郁郁寡欢。于是这个孝女决定用现有的食材烹制一款新菜肴，给父亲换换口味，让他开心起来。

琢磨许久，孝女终于有了主意。她捉了一只鲮鱼，将处理好的鱼肉剁成蓉，然后加盐将鱼蓉打至起胶，再加上生粉水、鸡蛋液搅匀，最后用热油慢火浸炸，不多时扑鼻的香味便传了出来。孝女将做好的新菜端到父亲面前请他品尝，父亲吃了之后非常喜欢，脸上终于出现了灿烂的笑容。

见父亲喜欢，孝女便经常为父亲做这个菜，街坊邻居知道后，对孝女赞赏有加，便取"娱乐父亲"之意，给这款新菜命名为"娱父"，又因为这道菜的主料是鱼，做出的菜品跟炸豆腐相似，于是这道菜便有了"鱼腐"这个别名。

在顺德，很多粤菜馆都有鱼腐，但想吃到松软香滑的鱼腐，还是去老字号更靠谱。荔园酒家的鱼腐以味道鲜美、软滑甘香、色泽金黄闻名珠三角，所以我便循着地图找到了这家店，打算一探究竟。

亲自品鉴了一番后，深觉荔园的鱼腐确如传言所述，皮薄如蝉翼，透明如轻纱，滑嫩爽口，如豆腐一般，软滑之余又有着甘香的鱼味，吃过之后，让人回味无穷。

离开酒家的时候，凑巧遇见了一位换班休息的大厨。出于对美食的"执着"，我向他询问了一些关于鱼腐的事儿。他告诉我，正宗的鱼腐一般选用肥美的鲮鱼，农历九月到次年三月的鲮鱼就是最好的鱼腐食材，因为农历四月至八月的鲮鱼水分太多，做成的鱼腐会缺少鲜香味。

品罢鱼腐，我心满意足地离开了荔园酒家。我想，若能摘一些刚刚冒出绿芽的豌豆尖，与鱼腐一起做成美食，定是另一番滋味。

寻味顺德

正信双皮奶

地址　乐从镇镇安路与桂华
　　　路交叉口南 30 米
电话　0757-28900029

双皮奶

如丝如绸的甜品

　　顺德是"美食之乡"。但早些时候，很多人认识顺德却是从一个入门级的小吃——双皮奶开始的。现在，双皮奶已经成为各大城市街边店铺里的常见甜品，可它依然是顺德引以为傲的一张名片，被称作顺德的"甜品之王"。

　　说起双皮奶，我最先想起的是乐从镇的正信双皮奶。这些年，去了许多地方，也吃了许多双皮奶，各式各味都有，唯独这一家的双皮奶让我吃出了惊艳的味道。

　　据说，双皮奶是顺德人在无意间调制出来的，这也应了粤式甜品的最大特点——随心搭配。顺德人觉得，只要自己觉得好吃，就可以随意进行搭配，在他们眼里，制作美食是为了享受乐趣。

　　据说双皮奶是正信创始人董洁文的父亲董孝华首创的。董洁文年幼时，家里以养牛为生，那时候还没有电冰箱，牛奶的保存是个问题。董孝华为了保存牛奶绞尽脑汁，却始终不能如愿。一次偶然的机会，董孝华发现牛奶煮沸冷却后表面会结成一层薄衣，这层薄衣尝起来无比软滑甘香。从那以后，董家的人都喜欢上了这种多了一层"皮"的牛奶。董孝华经过多次尝试，制成了最初的双皮奶。后来董洁文继承父业，将自家的杂货铺改为专卖双皮奶、牛奶等奶制品的甜品店，也就是如今的"正信"。

小的时候我就知道，牛奶在锅里煮开后，趁热倒在碗里，滚烫的牛奶一接触到碗壁和空气，就会迅速冷却，不多时，表面就会结出一层致密厚实的奶皮，而我也最喜欢拿筷子去挑那层奶皮吃。但直到今天我才知道，双皮奶的制作工序也差不多如此。

色泽洁白、吹弹可破的双皮奶就像婴儿的肌肤一样，上面几粒红色的豆沙则成了双皮奶的"点睛之笔"。吃上一口，香气浓郁，嫩滑爽口，令人赞叹不已。就这样，我在正信双皮奶的店里待了一个多小时，其间老板还兴致勃勃地跟我聊起了双皮奶的发展历史。他告诉我，顺德的双皮奶之所以能驰名神州，除了独特的制作方法，还因为它选用的是顺德本地产的水牛奶。

顺德土阜山丘众多，水草丰茂，是最好的水牛牧场。顺德水牛产奶虽少，但是水牛奶质量很高，含水量少，乳脂含量高达8%，是普通牛奶的两倍，因此特别香浓，是用来做双皮奶的最好原料。也唯有用水牛奶做出的双皮奶才会这般清甜爽滑、奶香浓郁。

后来，我专门向老板请教了双皮奶的做法，想着如果有机会，自己定要试一试，也趁机回味一番天真无虑的童年时光。

老板见我如此有兴趣，便笑着告诉我：牛奶第一次结皮冷却后，把牛奶倒出来，将第一层奶皮留在碗里，然后在倒出来的牛奶里添加一些细糖和蛋清，搅拌均匀以后，放在锅里隔着水炖上20分钟，形成第二层奶皮，再把炖好的牛奶倒回原来的碗里就可以了。

双皮奶虽是一道简单的小吃，却蕴含着顺德人勇于探索新食物的精神，这也正是顺德美食多年来不断发展的动力之源。走出小店，外面下起了蒙蒙细雨，在细密的雨丝中，乐从似乎变成了人间仙境。我裹紧衣服，疾步

往前走了片刻，再回首，身后一片朦胧，小店却像星星一般，熠熠生辉……

　　若是你也到了乐从，不妨寻一个无事的下午，去正信双皮奶店里坐一坐，点上一份双皮奶，再配上几道当地传统的甜品小食，翻开一本书，或者拿起一支笔，在喧闹中独辟一份清静，抛却一切嘈杂烦恼，在美食的陪伴下静心享受，相信你会汲取到自己需要的养料。

永生渔港

地址	乐从镇腾冲开发区 2 排
电话	0757-28866892

堪比金珠玉叶

金猪玉叶

常言道："食在广州，厨出凤城。"顺德的美食自然是数不胜数的。我最喜欢的美食之一当数乐从的"金猪玉叶"。

在乐从，要想品尝到最原汁原味的金猪玉叶，一定要去发明这道菜的永生渔港。这家店最初只是一家仅能摆放几张桌子的小店，经过十多年竟发展到了如今的规模。店外有一块饱经风霜的招牌。踏进里边，第一眼看到的就是挂满整个墙面的各种奖状，其中一张就是金猪玉叶在2007年的"乐从旅游美食周"上被评为"乐从十大名菜"的奖状。

菜如其名，一盘做好的金猪玉叶摆放在桌子上，简直就是一件艺术品。盘子上排布着三圈食材：最外圈是一块块首尾相接、排列整齐的长方形红色猪皮；中间的一圈是摆成环形的绿色青菜；最里边的一层是点睛之笔，食材被精心雕刻后，宛如一朵美丽的鲜花。

这金猪玉叶的吃法是非常有讲究的。首先要在面皮上抹上少量的糖，在生菜上抹上适量的海鲜酱，再给猪皮抹上一些秘制的海鲜酱料，最后用面皮将抹了酱料的肉皮、生菜裹起来，就可以享用美味的金猪玉叶了。一口咬下去，鲜嫩的肉皮、新鲜的菜叶配上秘制的酱料，美味极了。

金猪玉叶尚算一道新菜，没有悠久的历史。听酒楼里的一个师傅说，这道菜完全是厨师自己琢磨和创新出来的。近些年来，事物更新换代快，顾客的需求也越来越多样化，因此菜品创新就显得尤为重要。平常工作不忙的时候，或在下班的空隙，酒楼的厨师们通过看书、研究菜谱、上网查资料等多种途径积累灵感，久而久之，就试出了这道名叫"金猪玉叶"的菜。

师傅的讲述仅三言两语，我却能想象得到背后的艰辛。吃这道菜的时候，自然能体会到酒楼师傅创作这道菜时所付出的努力与汗水。不知道要经过多少次试验，这道精品美食才能呈现在我们面前。

我们都知道，一道佳肴要受欢迎，必定是色、香、味俱全的。高颜值的菜品，需要精湛的刀工和技术；好的味道需要火候、调料、配菜等各个方面的准确拿捏。所以说，任何成功都来之不易，做一道菜如此，人生更是如此。

筱布乐度假村

地址	乐从镇河滨路怡乐园会所筱布乐度假村
电话	0757-28863696

八宝扣金鸭

荤素搭配，相得益彰

　　顺德是粤菜的发源地，可以说代表了整个广东省厨艺的最高水准。顺德人不仅擅长做本地的粤菜，其他地方的菜式他们也能做出特色来。顺德人能根据自己的口味特点将别地的美食加以改良，并添上粤地的符号，形成自己的风格。

　　例如，原本属于北方的馄饨，被顺德人做成了著名的云吞面，并且推广为世界名小吃；原本属于川菜的陈皮牛肉，被顺德人用本地食材加以改造之后，比四川人做的更加别具一格；同样，属于江西抚州的八宝扣鸭被顺德厨师改良之后，也别有一番风味。他们还在八宝扣鸭的名字中加入一个"金"字，将其变成了"八宝扣金鸭"，而这道菜也成为顺德的一道名菜。

　　在避水山庄逍遥自在地享受了大半天的山水风光之后，我跟朋友一起按着事先计划好的路线来到了筱布乐度假村。之前听说筱布乐度假村建在一个隐于山野、远离喧嚣的地方，我还以为会很难找，但一路上还算顺利，很快便找到了。

筷布乐度假村里面虽然不是很大，但胜在环境清幽，菜品齐全，其中就有我慕名已久的八宝扣金鸭。若确定要来这里吃饭，打个电话预订会有更佳的就餐体验。

顺德人很挑剔，不喜欢吃肥腻的北京烤鸭，因为这不符合他们的饮食习惯。他们也不喜欢原来的八宝扣鸭，因为它也太过肥腻。然而这些并不能阻挡顺德人吃鸭肉的决心，于是他们费了好一番心思，做出这肥而不腻的八宝扣金鸭来。想来，被改良过的八宝扣鸭，也就是这里的八宝扣金鸭的味道一定很值得期待了。于是，我和朋友默契地对视了一眼，又加了几个看着不错的简单菜品，便报给服务员，专心等待菜品上桌了。

等餐的空隙，我们结识了坐在旁桌的一位姑娘，她恰好对这八宝扣金鸭足够了解，便兴冲冲地跟我们聊了起来。八宝扣金鸭选用的是广南麻鸭。这种鸭子不是用饲料喂养出来的，而是顺德等地的农民在收割完稻子以后放养在稻田中，吃稻谷、苞谷、蚌头儿、鱼、虾等长大的鸭子。

在广南麻鸭当中，顺德的过塘鸭是做八宝扣金鸭的最佳食材。这种鸭子的特点是脯大、皮薄、骨软、肉嫩、脂肪少，吃起来肥而不腻。

等到八宝扣金鸭上桌，定睛一看，这道菜虽以鸭子为主，却不是一道纯

粹的荤菜，其中的素菜占了"半壁江山"，荤素搭配，可谓相得益彰。"八宝"指的是菜品的八种原料。我特意数了数，豌豆、鸭肝、冬笋、板栗、火腿、香菇、虾米、糯米刚好八种，搭配得甚是巧妙。夹一口鸭肉，蘸上一点盘底的八宝馅汁，一口下去，果然香酥爽口，别有一番风味。

　　那位姑娘告诉我，这道八宝扣金鸭之所以这么好吃，主要是因为它经过了数道工序的精心烹制。要做出这种肥而不腻的美味，首先要把鸭的内脏掏空。洗鸭肝的时候一定要小心，若是将苦胆弄破可就不妙了。将水发香菇用盐洗干净，冬笋和板栗切成小方丁，火腿切成薄片，将糯米、虾米等一同上锅蒸15分钟，做好之后再倒入调味品，做成八宝馅。接下来将鸭子去骨，切成条块状，把处理好的鸭子皮朝下放入碗中，把八宝馅盛入其中作为馅心，上锅蒸40分钟，蒸熟后翻扣在碗中，把火腿片码在香菇中间，最后再浇上浓郁的汤汁。

　　听完这些复杂精细的工序介绍，品一口香酥的鸭肉，再吃上一口八宝馅，果然如人们所说的那样，一点都感觉不到油腻。顺德人在厨艺上的这种精益求精的精神，值得我们学习。

和园

地址	乐从镇岭南大道南路州村体育公园足球场对面
电话	13702255419

水晶鸡

隔水蒸就，回味无穷

顺德人不仅喜欢吃鱼，还喜欢吃鸡，这是我经过多日的观察之后发现的。同做鱼肉一样，他们做鸡肉也有很多种方法。

某日，我心血来潮，去了一趟三桂村的农贸市场，里面有各种各样的鸡：广海鸡、走地鸡、湛江鸡、文昌鸡……毫不夸张地说，只有你想不到的，没有买不到的。市场里卖的都是活鸡，卖鸡的阿姨懂得多，不论是清蒸、煲汤还是炒，只要你说出口，她总能给你推荐出最适合的鸡。

顺德人最喜欢吃原汁原味的鸡，隔水蒸就的水晶鸡便是深受顺德人喜爱的一道菜。据说，这道水晶鸡为清朝名厨陈柳歧首创。陈柳歧的厨艺传承自他的祖父。陈柳歧自幼爱吃鸡，对鸡的做法和吃法有自己的心得，还独创了一种腌鸡的配料。经过几代人的传承创新，才有了现在的名菜——水晶鸡。

我跟朋友想去岭南大道的和园吃水晶鸡，打电话问老板，说可以自带食材，于是我们便让卖鸡的阿姨帮我们挑了一只鸡。

到了饭店之后，老板告诉我们，他们本来是不让自带食材的，但是一听我们就在附近的菜场，再加上有时候他们也会去那边买活鸡应急，便让我们自己买了。

老板见这只鸡选得挺好的，便要亲自下厨给我们露上一手，让我们尝尝正宗的顺德水晶鸡。

我总觉得我们带来的这只鸡和别的鸡没什么差别，他们怎么就看出了好坏？便好奇地向老板讨教。老板见我真的感兴趣，便让我观看了他做菜的全过程，其间不仅给我讲解了如何选鸡，还给我说了怎么做水晶鸡。

选鸡时，首先是看鸡冠是否凸起，是不是自然的鲜红色；然后看看鸡眼睛是否有神，鸡毛是不是油光发亮，没有毛头。除此之外，还要看看鸡脚，如果不是放养的走地鸡，鸡脚就会又矮又细，胫骨也小些，这样的鸡就不宜选用。制作时，把挖空了内脏的鸡放在蒸盘上，先给鸡身抹上一层花生油，再把配料均匀涂在鸡的胸腔和皮上，最后将香菇、虾米等食材塞入鸡身，放在蒸锅里蒸15~20分钟就可以了。老板强调，一定要注意时间，时间过短会蒸不透，时间过长鸡肉会不嫩，吃起来口感就大打折扣了。

做完这些之后，就可以静候水晶鸡出锅了。一会儿工夫，水晶鸡就出锅了。刚上桌的水晶鸡冒着腾腾热气，一股鸡肉的鲜香扑鼻而来。我先缓缓地吸了一口，香味瞬时直冲肺腑，还未吃就已经满口生津了。戴上手套，看着眼前鲜嫩肥美的鸡肉，撕下一块送进嘴里，顺滑如丝，芳香满口，没有一点油腻的感觉。

隔水蒸成的水晶鸡，摆脱了煮鸡和炸鸡的油腻，香滑鲜美的口感让人欲罢不能，菜品温和，食之不易上火。水晶鸡体现了顺德人的厨艺智慧和勇于探索的精神，当真无愧于"食在广州，厨出凤城"的美誉。

北滘镇
水乡里流转的人间美味 $\ggg\gg$

　　北滘，一座散发着迷人魅力的小城，由千年水村发展为岭南商埠，从农业产区蜕变成经济重镇。北滘是岭南水乡的缩影，在历史的回廊中，演绎了数千年的精彩故事。

虾仔云吞面店

地址	北滘镇泰兴大街 26 号
电话	0757-26634120

北滘虾仔云吞面

一个人的盛宴

　　面食在南方不大做主食，在中国南端的广东更是如此，但是令人吃惊的是，大多数的广东人对云吞面情有独钟。而广东人所钟爱的云吞，实际上就是经过顺德厨师巧手"改造"过的北方馄饨。

　　云吞面正式传入广东，可以追溯到清朝同治年间。相传，有一位湖南人在广州双门底开了一家"三楚面馆"，主营面食，其中有一种面食就是云吞面。那时候的云吞面做得很粗糙，仅是一种用面皮裹上肉馅在白水里面煮熟的简单吃食。后来面馆开始用鸡蛋液和面擀成薄皮，再包上以肉末、虾仁和韭黄制成的馅料，推出后十分受欢迎，三楚面馆也因此生意兴隆。云吞面经顺德人改良之后，成为顺德颇具盛名的美食。

　　玩了一天之后，洗净满身的疲累，优哉游哉地走在暮色里的北滘街道上。突然想吃云吞面，便来到了泰兴大街，在一家叫作虾仔云吞面店的门口停了下来，只见它的招牌上写着"三代祖传，面食世家"。

　　这家店上过电视，甚至在全国都小有名气。附近也有很多家店，但是人气明显没有这一家旺。老板见有人驻足，立刻迎了出来，仿佛遇见了多年的老友，热情地招呼起来。

店内墙上贴着云吞的制作方法，闲来无事，我便仔细看了起来。看完之后，我突然觉得包云吞是一个极为享受的过程。将馅儿和面皮准备好后，拿出一张云吞皮，放上适量的馅料。馅料放少了不行，因为不好吃；多了也不行，因为面皮会包不住馅料。接着在云吞皮周围涂上一点水，对折黏合，力道要掌握好，力道过重会捏烂面皮，力道过轻会导致面皮黏合不到一起，下锅的时候容易露馅。想要包出的云吞好看，就用虎口挤压面皮，让面皮呈现出鱼尾的样式。

接着，我将目光移到了云吞面的介绍上。云吞面主要由三部分组成。首先是汤底。这也是云吞面中最重要的部分，因为汤底的好坏直接决定了一碗云吞面的味道。熬制云吞面的汤底有讲究，要选用上好的大地鱼和河虾子将汤熬出鲜味。汤底要清，千万不要加味精，否则就破坏了汤的清甜。其次是面。最地道的面要从面粉加鸭蛋做起，最讲究的一点就是不能加水，只有这样做出来的面才有韧度，吃到嘴里才会有弹牙的口感。最后就是里面的馅

儿。要想云吞咬下去"卜卜脆",就要选用新鲜的虾球,混合三分肥七分瘦的猪肉做成馅儿。

　　看着这些介绍,再配上满屋子的云吞香味,我忍不住咽起了口水。好在热腾腾的云吞面适时端了上来。汤底只有大半碗,这样做是为了保持面条的弹性。汤里放着些韭黄,给这碗云吞面增色不少。来之前就听说一碗好吃的云吞面是不能缺少韭黄的,今日一试,果然如此。喝了一口汤后,我立刻尝了一个精致小巧的云吞,或许是因为馅料含水量极低,云吞弹牙、紧实,鲜甜可口。

　　在顺德,云吞面是廉价餐食的代表。有一句俗话是这样说的:"有钱吃盒仔饭,无钱吃云吞面。"现在的顺德人已经离不开云吞面了。出门在外的游子倘若在回到家乡时能够吃上一碗云吞面,便是莫大的安慰。碗中装的不仅仅是几粒云吞,更是顺德人的乡情。

大自然农庄

地址　北滘镇三桂村新基一路

电话　13025145305

烘禾虫

最养颜的胶原蛋白

　　说出来很多人可能不信，最怕虫子的我居然吃了烘禾虫。这件发生在顺德之行中的趣事，很值得一说。

　　顺德自古以来就是富庶之地，人们对于食材颇为讲究，也喜欢将本地的各种物产入菜。顺德人厨艺精湛，不管是果蔬，还是虫鱼鸟兽，都能被他们当作烹菜原料，变成别致的美味。因此，将样子可怕的禾虫当作食材，在很多外地人看来有些恶心，甚至毛骨悚然，在顺德却极为平常。

　　禾虫生存在沿海地区，多见于咸淡水交汇处的稻田表土层和淤泥里。禾虫以植物为食，身体细长但饱满丰腴，有粉红色、乳黄色和绿色三种，体内含有丰富的蛋白质和维生素。它们在繁殖期会从泥里爬出来，爬行的场景极为壮观，密密麻麻地结成一片浮在水面上。禾虫将要出现的时候，当地农民就会守在河水的出口处，抓紧时机捕捞。据说以前一次能捕捞上百斤，但是如今随着农药的使用，禾虫逐渐减少。而现在人们吃到的禾虫，大多数都是人工养殖出来的。

179

禾虫的营养价值很高，它味道鲜美甘甜，性温，能够补脾、暖胃、生血，是滋补食疗的上品，广受城乡居民的喜爱。禾虫的做法也有很多，可蒸可炖，可煎可炸，菜品有生炒禾虫、煲禾虫莲藕眉豆汤、钵仔禾虫等。但最具风味的就是烘禾虫，这道菜在顺德美食中也占有一席之地。

来到顺德，当朋友推荐我吃这道菜的时候，我拒绝了。从来没有吃过虫子类食物的我，对这样一道用虫子做的菜实在没有兴趣。

朋友却不依不饶，有时间就逮着我，向我科普这道菜的美味。在她看来，这么难看的东西却有这么多人喜欢吃，这就说明烘禾虫肯定是一道美味。

一天，在领略了一番北滘的自然风光之后，朋友没跟我商量，就带着我来到了三桂村一家名叫"大自然"的农家饭庄。翻翻菜单，倒是"名副其实"。其中有一道菜是蛇咬鸡，我看着有意思，便点了，然后将菜单交到了朋友手中。

"那就再来一盘烘禾虫吧。"我惊讶地张了张口，还没来得及抗议，朋友又道，"你连蛇都吃得下，禾虫也可以试试。"既然她已经点了，我也不想扫了她的兴致，只是想着一会儿定要离那道菜远远的，而朋友却笑得跟朵花似的。

"禾虫很好吃的。"为我们点菜的小哥见我犹豫，便开口说道。他这么一说，朋友就更加来劲了，非拉着人家给我讲禾虫如何美味，又是如何做出来的。于是我生平第一次十分不情愿地被拉着上了一堂禾虫"烹饪课"。

烘禾虫的做法并不复杂，只要将禾虫洗干净以后放在钵里剪碎，让其充分出浆，放上适量捣碎的蒜蓉、陈皮、粉丝、蛋白、榄角和油盐等调味品搅拌均匀，接着将钵放在锅里，隔水炖熟之后烘干，等生出焦香味的时候就可以上桌了。

据这位小哥介绍，他们家在做烘禾虫前会把洗干净的禾虫放在花生油里，让禾虫喝饱油，在钵里打上鸡蛋后，才将禾虫剪碎，把各种配料加在一起搅拌。

"这样不会油腻吗？"听他这样说，我有些疑惑。

"不会。"小哥非常肯定地回答，不待再说，一盘烘禾虫就被端上了桌，小哥示意我先尝尝看，然后腼腆一笑，去招呼其他客人了。

最终，在朋友的再三劝说之下，我对着这钵禾虫，将信将疑地吃了一口。这道菜的确很好吃，外面吃着甘香酥脆，里面鲜美爽滑。

　　用朋友的话来说就是：禾虫虽小，营养俱全。而且，这道烘禾虫虽不养眼，却可以养颜，因为它富含胶原蛋白。万事开头难，试过才知味。在顺德之行里，这也算是一次自我挑战了。

桂园饭店

地址　北滘镇碧江三桂工业
大道花坛旁

电话　0757-26630826

天麻炖鱼头

汤汁里的别出心裁

　　顺德是鱼米之乡，盛产的鱼主要有四种，分别是鲩鱼、鳊鱼、鲮鱼和大头鱼（鳙鱼）。大头鱼是用来做鱼头汤的上好食材，用它做成的天麻炖鱼头是一道著名的顺德美食。

　　大头鱼的鱼头大而肥，肉质雪白细嫩。其鱼脑营养丰富，富含人体所需要的鱼油——鱼油中的不饱和脂肪酸是人类必需的营养素，有维持、提高大脑机能的作用。鱼鳃下边透明胶状的肉富含胶原蛋白，可以修护身体细胞，具有延缓衰老、养颜美容的功效，而且吃起来口感很好。

　　天麻是一种非常名贵的中药材，可以用来治疗神经衰弱、眩晕头痛。顺德人做菜讲究滋补，因此选用天麻和大头鱼来炖鱼头汤。

　　顺德人在做天麻炖鱼头时，首先要做的是给鱼头去腥，这样才能保证熬出来的汤没有腥味，口感鲜美。

　　在北滘镇的桂园饭店里，我曾见识过制作天麻炖鱼头的全过程。店里的厨师先用生粉和花生油开浆，均匀涂抹在鱼头的内部和外部，然后用清水冲洗干净，这样做可以去除腥味。但是，只做这些是不够的。第一次去腥之后，我见那厨师又在鱼头上刷了一层产自本地的米酒，将腥味彻底除尽。然后将天麻、红枣、陈皮放入盅底，再将除了腥味的鱼头放在上面，加一层油纸密封。这样不仅能保留水分，还能防止蒸汽将汤汁冲淡。一盅鱼要足足焖炖4个小时。

为了吃这道天麻炖鱼头，我提前一天给桂园饭店打了电话预订，又一大早赶过来见识了一把它的制作过程，然后约好过来吃饭的时间就离开了。等到我跟朋友中午过来的时候，天麻炖鱼头刚好出锅。

桂园饭店在当地可是极为出名的一家饭店了，店内环境优美，装修古香古色，四合院的布局舒适而优雅。

我们拿着菜单又点了一道小菜之后，炖了一上午的天麻鱼头汤便被端了上来，打开盅盖的那一刻，满座皆是浓郁的香味，让人沉醉不已。更让人赞叹的是，炖了这么久的鱼头汤竟然清澈无比，味道却馥郁香浓。喝一口鱼头汤，再吃上几口小菜，惬意十足。